BAUERN-BILDER

Wolfgang Schiffer

BAUERN-BILDER

Fotografien
aus 50 Jahren Landwirtschaft

Herausgegeben von
Gisbert Strotdrees und Heinz-Günter Topüth

Landwirtschaftsverlag

Impressum

Landwirtschaftsverlag GmbH, 48084 Münster
3. Auflage 2005

Gestaltung: Grafisches Atelier im Landwirtschaftsverlag GmbH
Korrektorat: Dorothea Raspe
Gesamtherstellung: LV Druck im Landwirtschaftsverlag GmbH

Gedruckt auf chlorfrei gebleichtem Papier

Printed in Germany

ISBN 3-7843-3101-7

Inhalt

Vorwort

Fast fünfzig Jahre lang war der Fotograf und Journalist Wolfgang Schiffer (1927–1999) zu Gast auf unzähligen Bauernhöfen in Deutschland. Wie kein Zweiter hat er den Wandel in der Arbeitswelt und im Alltagsleben auf den Höfen mit seiner Kamera festgehalten. Sage und schreibe 780 000 Fotografien, der größere Teil davon Schwarz-Weiß-Aufnahmen, umfasst sein Archiv – ein bis heute ungehobener Schatz, der in Deutschland, vielleicht sogar in Europa einzigartig ist.

Dieser Band präsentiert erstmals eine Auswahl seiner besten Aufnahmen, die dokumentarischen Wert und künstlerischen Anspruch miteinander verbinden. Erläutert werden die Fotografien durch agrarhistorische Rückblicke. Sie zeichnen den tief greifenden Wandel der Produktionstechnik in Ackerbau und Viehhaltung seit den frühen Nachkriegsjahren nach. Außerdem werden der landwirtschaftliche Strukturwandel und die wesentlichen Stationen der Agrarpolitik seit 1949 geschildert. Im Vordergrund freilich stehen die einzigartigen Aufnahmen, die den tief greifenden Umbruch der Landwirtschaft widerspiegeln – eindringlich, authentisch und mit dem Blick eines Mannes, der zeitlebens Agrar-Journalist mit Leib und Seele war, vor allem aber ein meisterhafter Fotograf der Bauern und Schöpfer dieser „Bauern-Bilder“.

Gisbert Strotdrees
Heinz-Günter Topüth

ACKERN VOR D

50 JAHRE

Ein wenig stolz waren die Bauern schon, als ihnen um 1950 vorgerechnet wurde, dass jeder von ihnen zehn Städter zusätzlich mit Nahrungsmitteln zu versorgen in der Lage war. Sicher, hier handelte es sich um Statistik, und der Durchschnitt zählt bekanntlich wenig, wenn es um den konkreten Einzelfall geht. Aber die Bauernfamilien durften sich doch bestätigt und anerkannt fühlen, schließlich arbeiteten sie in Feld und Flur, in Haus und Hof länger als überall sonst, und sie hatten alle Hände voll zu tun, mit den Kriegsfolgen einigermaßen fertig zu werden.

Während der Kriegs- und frühen Nachkriegsjahre hatten die Betriebe unübersehbar Schaden genommen. Zahlreiche Höfe waren zerstört oder beschädigt, die Fluren waren nicht selten verwüstet und vor allem: Technische Betriebsmittel fehlten an allen Ecken und Enden. Die Maschinen und Geräte aber, die verfügbar waren, befanden sich häufig genug in einem bedenklichen Zustand. Nur dank des großen Improvisationsgeschicks vieler Bauern und Handwerker konnten sie überhaupt noch eingesetzt werden.
Doch das Wichtigste von allem war: Das Leben ging weiter. Man hatte zu essen und produzierte zudem für einen Markt, der die landwirtschaftlichen Erzeugnisse vom Korn bis zum Ei, vom Fleisch bis zur Milch bereitwillig aufnahm, mehr noch: Der Markt verlangte mit Nachdruck nach zusätzlichen Nahrungsmitteln.
Die traditionellen Handarbeits- und Gespannverfahren entsprachen bis in die Mitte der 1950er Jahre durchaus dem Standard, doch auf mittlere Sicht konnten sie angesichts der gewaltigen Herausforderungen einer im industriellen Aufbruch befindlichen Volkswirtschaft nicht genügen. Neue Wege mussten eingeschlagen werden. Sie sind auf allen Feldern der landwirtschaftlichen Arbeit bis in die Gegenwart immer wieder in eindrucksvoller Weise gefunden worden.

ER KAMERA

WANDEL IN ACKERBAU UND LANDTECHNIK

Die Einsaat kann beginnen

Die Bestellung im Herbst und Frühjahr

Zu den arbeitsintensivsten Tätigkeiten der Bauern gehörte und gehört die Feldbestellung im Herbst und im Frühjahr. In Sprichwörtern, Volks- und Kirchenliedern sind dieser bäuerlichen Arbeit seit Jahrhunderten viele Denkmale gesetzt worden. Sie zeugen von Respekt und Dank. Voller Ehrfurcht heißt es etwa bei Matthias Claudius: „Wir pflügen und wir streuen den Samen auf das Land, doch Wachstum und Gedeihen steht in des Himmels Hand." Noch deutlicher wird das aus Nordmähren stammende Volkslied, das bis weit in die 1960er Jahre an allen Volksschulen gesungen wurde: „Im Märzen der Bauer die Rösslein anspannt; er setzt seine Felder und Wiesen instand. Er pflüget den Boden, er egget und sät und rührt seine Hände frühmorgens und spät."

Tatsächlich zählten noch um 1950 in der deutschen Landwirtschaft eingesetzten Zugtiere nach Millionen. Allein der Pferdebestand belief sich 1950 auf 1,2 Millionen Tiere – und dann waren da ja noch Zugochsen und Zugkühe. Sie vor allem erwiesen sich in vielen Regionen Süd- und Mitteldeutschlands bei der Feldarbeit und Transporten als unverzichtbare Helfer. „Spann-" oder „Schaffkühe" wurden sie häufig genannt, wenn sie in Widerristjochen oder Kopfzuggeschirren ihrer beschwerlichen Arbeit nachgingen.

Eine staunenswerte Vielfalt effektiver Anspannungstechniken hatten sich die Bauern für die Tiere einfallen lassen. Wer weiß heute noch etwas von Stirnjochen und Widerristsielen, von Kurz-, Halb- oder Dreiviertelpolsterkummeten, von Zweier- oder Dreieranspannung? Das Wissen um die Rinderanspannung, von Bauern einst in Generationen entwickelt, ist nahezu vollständig in Vergessenheit geraten. Und wer weiß heutzutage noch, dass zumindest bei Kühen Einzelanspannung die Ausnahme war? Bei schweren Fuhren – und die Herbst- und Frühjahrsarbeit war immer schwer – reichte die Zugleistung eines Rindes einfach nicht aus. Da musste zusammengespannt werden, mal zwei Kühe nebeneinander, mal eine dritte Kuh als Spitzenkuh vorneweg. „Hüh“ und „hott“, „jüh“ und „oha“ hieß es dann, wobei fast jeder Bauer seine eigene Sprache mit den Tieren sprach, die diese gleichwohl rasch verstanden.

„Dummer Ochse“ und „blöde Kuh“ heißt es nur dort, wo man von Tieren nichts versteht. Zugtiere wussten stets, um was es ging, und wenn es zu Missverständnissen kam, dann meist, weil die Zugarbeit den Tieren zu schwer geworden war oder weil es ihnen an Wasser fehlte. Dann schüttelten die Tiere treuherzig dreinschauend den Kopf, blieben stehen und waren mit bloßem Zureden oder Ziehen partout nicht mehr in Bewegung zu bringen. Ein kurzer Hieb mit dem Stecken bewirkte oft Wunder. Man zeigte, wer Herr im Haus war, und schon zog das Gespann wieder seine Bahn. Wer rücksichtslos dreinschlug, verschwendete nur seine eigene Kraft – viel schneller gingen die Tiere deswegen nicht.

Pferdebauern taten sich da um einiges leichter. Pferde waren nicht nur stärker und schneller, sie waren vor allem umgänglicher. Gut behandelt, erwiesen sie sich auf dem Acker vor Pflug, Egge und Wagen immer wieder als bester Kamerad des Bauern, der nach getaner Arbeit den Weg in den Hof mit größter Selbstverständlichkeit wie von allein zurückfand.

Aber Pferde machten bei der Feldbestellung nicht nur mehr her, ihre Besitzer waren in aller Regel auch um einiges eitler als die „Kuhbauern“. Da bedeutete es schon einen Unterschied, ob man mit einem schweren Warmblut oder einem Kaltblut, mit einem Einzelpferd oder einem Gespann auf das Feld kam. Seit alters her hieß es: „Was ein Bauer ist, zeigt er an der Deichsel.“ Gemeint war: Je größer der Vorspann, desto mehr macht der Besitzer im Dorf her.

Perspektiven aber bot die landwirtschaftliche Gespannarbeit nicht. Zwischen 1950 und 1960 halbierte sich allein in Westdeutschland der Pferdebestand auf 660 000 Tiere, die Zahl der Zugkühe verringerte sich auf 690 000 und die der Zugochsen auf 29 000. Doch der Höhepunkt des in Gang gekommenen Epochenumbruchs war damit noch nicht erreicht. Bis 1965, in einem einzigen Jahrfünft also, halbierte sich der Pferdebestand erneut auf nun 318 000 Tiere, die Zahl der Zugkühe schrumpfte auf 166 000 und die lange im Zuckerrübenbau hoch geschätzten Zugochsen hatten in der praktischen Arbeit nahezu zu existieren aufgehört. Kaum ein Bauer, der etwas auf sich hielt, setzte die Tradition der tierischen Anspannung fort. Zeitaufwendig, unökonomisch, unzeitgemäß – so lauteten die Einschätzungen vieler Landwirte, die fortan in der Motorisierung ihr Heil suchten.

Wie immer gibt es auch zu dieser Regel Ausnahmen. Unvergessen bleibt jener Moselwinzer, der mit seinem herausgeputzten Pferd Jahr um Jahr beim Winzerfest den Ehrenwagen der Weinkönigin durch den Ort fuhr. Kein Traktor kam auf seinen Hof, das verstand sich wie von selbst. Der Applaus der Zuschauer beim Moselfest hatte ihn immun gemacht gegen moderne Technik – bis zu jenem denkwürdigen Tag, da es nach einem harten Pflugtag an der Viehtränke zu einer Auseinandersetzung mit einem Zeitgenossen kam, der dort seinen Personenwagen wusch. Ein Peitschenhieb sollte dem Tier den ihm seit Menschengedenken zustehenden Weg freimachen. Das Gericht sah das natürlich anders. Nicht nur, dass es den Tatbestand der Körperverletzung für erfüllt ansah – nein, die Männer in schwarzer Robe erkannten auch: „Pferde haben kein Recht.“ Der Winzer antwortete mit

Dünger aus dem Silo

Dünger abholen am Bahnhof

einem „Keine Viehtränke, kein Festwagen“, und er brachte nie wieder ein Pferd im Festzug zum Einsatz. Traktoren fortschrittlicher Berufskollegen traten an seine Stelle, doch die Festbesucher merkten den Wandel kaum.

In der Landwirtschaft dagegen merkte man den Übergang von den Zugtieren zu den Traktoren schon. 70 000 Maschinen wurden bei Kriegsende gezählt, wobei Unklarheit herrschte, ob man sie nun „Schlepper“, „Trecker“, „Bulldog“, „Zugmaschine“ oder „Traktor“ nennen sollte. Für alle Bezeichnungen gab es ein kluges Für und Wider, nur soviel war unumstritten: Im Gegensatz zu den Tieren „fraßen“ Traktoren nur, wenn sie arbeiteten. Auch war die Zeit vorbei, da es auf dem Land hieß: „Der Bulldog stinkt und raucht und geht niemals, wenn man ihn braucht.“ Die Traktoren dieser „zweiten“ und „dritten Generation“ waren zuverlässiger, ihr Betrieb deutlich sicherer geworden. Dazu hatten nicht zuletzt die vielen Schlepperfahrkurse und Landtechnik-Lehrgänge für ehemalige Gespannbauern beigetragen. Aus einstigen Rossknechten waren leistungsfähige Schlepperfahrer geworden, die sich nicht scheuten, Reparaturen auch schon einmal auf dem Acker vorzunehmen. Wenn findi-

Arbeitspause für Bauern und Pferde

gen Bauern wieder einmal eine eigentlich unmögliche Schrauberei gelungen war, hieß es bei den Treckerherstellern nicht selten: „Die Kerle haben den Schraubenschlüssel nicht nur in der Hand, sie haben ihn sogar im Kopf.“ Bezeichnete man die ersten Traktoren noch als Spitzenbrecher, weil sie sich vor allem in den Arbeitsspitzen der Herbst- und Frühjahrsfurche zu bewähren hatten, so wurden sie bereits Mitte der 1950er Jahre zu der landwirtschaftlichen Leitmaschine schlechthin. Ihr Erfolg stellte alle Voraussagen in den Schatten. Es waren noch nicht einmal zehn Jahre vergangen, da hatten hoch angesehene Professoren für Westdeutschland einen Schlepperbestand von rund 300 000 Maschinen für maximal möglich und ausreichend erklärt. Doch die Bauern scherten sich wenig um solch universitäre Prognosen: Fast hunderttausend Traktoren wurden allein im Jahre 1955 neu zugelassen. Bis zum Jahre 1960 war der westdeutsche Schlepperbestand auf 855 000 Maschinen angewachsen.

Kaffeepause auf dem Feld

Wer unter den Landwirten etwas auf sich hielt, kaufte in der großen, bis Anfang der 1960er Jahre dauernden landtechnischen Boomphase einen Traktor. Zumeist handelte es sich dabei um Standardmaschinen. Zu ihren besonderen Kennzeichen zählten große Hinter- und kleine Vorderräder, 1- bzw. 2-Zylinder-Dieselmotoren mit ca. 20 PS Leistung und ein Schieberadgetriebe mit vier, maximal fünf Vorwärtsgängen. Sicher gab es Differenzierungen, die über das Firmenlogo und die Farbgebung hinausreichten. Ins Gewicht fielen sie vor allem bei den Vorrichtungen, mit denen die Arbeitsgeräte und -maschinen an den Schlepper gekoppelt wurden. Da ging es dann um Anhängemaul und Ackerschiene, um Dreipunktaufhängung und Zwischenachsantrieb fürs Mähwerk, um Zapfwelle und Heckriemenscheibe, wie sie immer noch von Bauern für den Dreschmaschinenantrieb gewünscht wurde. Wer ganz fortschrittlich war, orderte einen Traktor mit hydraulischem Kraftheber. Doch viele

Mit dem ersten Traktor auf dem Acker

Bauern werteten dies noch als Luxus, der ernsthaft nur für„Siebeng'scheite“ in Betracht kam.
So ganz Unrecht hatten sie einstweilen nicht. Schließlich gab es auf den Höfen noch die komplette Maschinenausstattung für den Gespannbetrieb: die Anhängepflüge und Eggen mit gezogenem Eggenbaum, die Sämaschinen und Kastenstreuer mit Vorderkarren. Vom ersten Geld der Nachkriegszeit hatte man die Maschinen und Gerätschaften nach reiflicher Überlegung erworben. Stolz war man auf sie, hatte doch der landtechnische Fachhandel sie allesamt als „Spitzenprodukt“ gepriesen und verkauft. Im Grunde verkörperten die Geräte diesen hohen Anspruch auch. Sie repräsentierten den besten Stand einer teilweise Jahrhunderte währenden Entwicklung, doch sie wurde nun von einer vollkommen neuen, auf den Traktor ausgerichteten Technik abgelöst. Für ihre Anschaffung fehlte zunächst das Geld, ganz zu schweigen von der Unzulänglichkeit der Systeme, die nicht oder nur unzureichend aufeinander abgestimmt waren. „Normierung“ hieß in jenen Jahren das Zauberwort. Es führte Hersteller von Traktoren und Landmaschinen ebenso zusammen wie Vertreter aus Wissenschaft und Praxis, aus Industrie, Handel und Handwerk, bis am Ende ein Normenwerk verfügbar

Mit Rindern eggen – in den 50er Jahren kein seltenes Bild

Feldarbeit hat viele Gesichter

war, das einen sinnvollen Einsatz der modernen Technik erst ermöglichte. Die technische Entwicklung kannte keinen Stillstand. Jahr um Jahr wurden die Traktoren größer, anspruchsvoller und leistungsfähiger. Die einstige Nähe zu den Zugtieren, sichtbar geworden nicht zuletzt in Bezeichnungen wie „Motorpferd“ und „Dieselross“, büßten sie ein. Selbst an der Leistungsangabe in „Pferdestärken“ (PS) hat man zu rütteln versucht. Kilowatt (kW) heißt die Maßeinheit für Schlepperleistung heute, was physikalisch richtig sein mag, allein bei den Bauern findet sie nur geringen Widerhall.

Die Entwicklung im Rahmen des großen Agrarstrukturwandels lief seit Mitte der 1950er Jahre auf den Einpersonenbetrieb hinaus. Nicht mehr Bauer, Bäuerin, Knechte und Mägde bestimmen seitdem das Bild der Feldarbeit, sondern eine Person hat das Geschäft des Pflügens und Säens, des Eggens und Düngerausbringens allein zu verrichten. Glücklich muss der Landwirt sein, der zum Mittagsmahl auf dem Feld Gesellschaft bekommt. Zumeist aber macht er aus der Not eine Tugend. Zum Mittag fährt er zurück auf den Hof, was mit dem Traktor um einiges leichter möglich ist als früher mit dem Gespann.

Düngen am Hang – kein leichtes Geschäft

Der Düngerstreuer

Heu in Schwaden und auf Trockengestellen

Grünland und Heuernte

Wiesen und Weiden machen rund 40 Prozent der landwirtschaftlichen Nutzfläche aus. Sie prägen Landschaften oft mehr als alles andere. Wenn im Allgäu Blumen blühen, in den Mittelgebirgen Insekten fliegen und auf den Almen des Voralpenlands Vögel zwitschern, dann sind sie zum Inbegriff für intakte, gesunde Naturräume geworden. Ein Biotop aber sind sie deshalb nicht, sondern von Menschenhand gestaltete Kulturlandschaft, durch Rodungen den Wäldern abgerungen und seit Jahrhunderten gehegt und gepflegt. Für die Bauern waren und sind die Wiesen und Weiden ein wichtiger Produktionsfaktor. Gras und Heu liefern das für die Tierhaltung unverzichtbare Halmfutter, das früher direkt auf dem Feld von den Tieren gefressen wurde, seit dem Aufkommen der rationellen Landwirtschaft um 1800 aber immer häufiger in den Ställen an die Tiere verfüttert wird.

Das Futtereinholen, vor allem aber das Heumachen, war stets begleitet vom bangen Blick gen Himmel.

Aufziehende Gewitter wurden von den Bauern gefürchtet, drohten sie doch mehrtätige Arbeit binnen Minuten zunichte zu machen. Zehn Tage, so hieß es noch in den 1950er Jahren, dauerte es, bis aus frisch geschnittenem Gras lagerfähiges Heu geworden war. Von allein geschah das nicht. Da musste gewendet und gelockert, geschwadet und auf „Heinzen" gesetzt werden. Heinzen – das waren hölzerne Trockengestelle, von denen an die 900 Stück je Hektar benötigt wurden. Doch der Aufwand rechnete sich. Heinzenheu besaß den Wert des Kraftfutters und kennzeichnete eine leistungsfähige Landwirtschaft.

Natürlich gab es neben den Heinzen andere Trockengerüste. Auch hier stellten Landwirte ihren kreativen Sinn für Nützliches und Sinnvolles unter Beweis. Hatten sie sich erst für eine Vorrichtung entschieden, dann ließen sie nichts mehr auf „Dreibockreuter", „Vierfußheinze", „Schwedenreuter", „Hifler" oder wie die Gestelle sonst

Arbeitspause in der Heuernte

noch hießen, kommen. Und reichten die Argumente nicht, dann beriefen sich die Bauern aufs liebe Vieh. Heu war eben doch nicht gleich Heu, nur wenn es vom eigenen Gerüst kam, war es das richtige …

Das trockene Halmfutter wurde auf den Leiterwagen geladen. Hoch gebaut sollte der Wagen sein und dennoch sicher zum Hof gelangen. Das alles währte seine Zeit. Kam dennoch einmal ein Schauer, so musste nachgetrocknet werden, und der Wettlauf mit dem Wetter begann erneut.

An Bemühungen der Technik, die Halmfutterernte zu mechanisieren, hat es nicht gemangelt. Zum einen sollte die Arbeitszeit verkürzt und damit das Wetterrisiko vermindert werden, zum anderen schien es sinnvoll, die Schlagkraft zu steigern. „Wenn schon Heu, dann zügig und richtig Heu", hieß es bei den Bauern, die das Bild von den mit Sensen, Rechen und Harken schaffenden Menschengruppen, wie es Maler zu allen Zeiten als Motiv wählten, überhaupt nicht als idyllisch empfanden. Die Mähmaschine stand für einen echten Fortschritt. Als Gespannmaschine gehörte sie zu Beginn der 1950er Jahre zur Standardausstattung der meisten Grünlandbetriebe. Ihr

Die Trockengerüste werden beladen

Die Heuernte – vor
Trockengerüst auf
den Leiterwagen

sauberer Schnitt hatte es den Bauern angetan, vermochte sie doch präziser zu arbeiten, als dies den besten Schnittern möglich war. Und exakt einstellen ließ sie sich auch. Dank Normal-, Tief- und Mittelschneidwerk konnten die Landwirte die Halmhöhe wählen. Das kam ihnen sehr entgegen, schließlich bedeutete eine sorgfältig gemähte und gut gepflegte Wiese Betriebskapital und Ansehensgewinn in einem.
Bei den Mähmaschinen allein war es nicht geblieben. Heuwender mit Arbeitsbreiten von über zwei Metern besorgten das Wenden, Lockern und Schwaden des Grünguts. Der Bauer konnte dabei noch wählen, ob die mechanische Arbeit mit Hilfe von Gabeln, Trommeln oder Sternen erfolgen sollte. Vor allem die Gabelheuwender faszinierten viele. Auf und nieder gingen die von Kurbelwellen in schwingende Bewegung gesetzten Gabeln und ahmten damit die Bewegung der Handgabeln nach.
Doch um wie viel angenehmer war der Einsatz des Gabelheuwenders! Keine Blasen an den Händen, keine schweren Arme und doch ein beachtlich höheres Leistungsvermögen kennzeichneten die mechanische Grünguternte. Besondere Resonanz fand bei den Bauern aber auch der Radrechwender, auch schlicht Heumaschine genannt – oder noch kürzer: „Heuma". Mit drei, vier oder fünf Sternen, ein- oder zweireihig angeordnet, eignete sich die Heuma sowohl für den Gespann- als auch für den Schlepperbetrieb. Vor allem hinter dem Traktor vermochte sie ihr ganzes Können zu zeigen. Eine Einsatzgeschwindigkeit von bis zu 16 Stundenkilometern ließ manchen Landwirt schwindelig werden, doch Schnelligkeit begann den Nimbus von Zauberei zu verlieren.

Heuernte mit Traktor und Frontlader

Bei der Getreideernte

Frauen beim Mähen und Binden

Nachharken mit dem Pferd

Getreide

Zu den härtesten bäuerlichen Arbeiten zählte die Getreideernte. Wenn es so weit war, wurden alle Hände benötigt: zum Schneiden des Korns, zum Zusammentragen der Halme, zum Aufbinden der Garben, zum Zusammenstellen der Garben zu Hocken, zum Aufladen auf den Garbenwagen, zum Abladen in die Scheuer, zum Ausdreschen der Körner – alles in allem eine aufwendige, mühselige Arbeit und das meist unter gleißender Sonne. Der Zwölf-Stunden-Tag war die Regel und das allabendliche Erschöpftsein eine Selbstverständlichkeit. Aufgescheuerte Hände, Entzündungen der Schleimhäute und der Atemwege forderten ihre Opfer. So mancher Helfer musste vorzeitig die Segel streichen. Aber die Getreideernte konnte, wenn alles trocken in der Scheuer lag, auch Glücksgefühle hervorrufen. Das abgeerntete Feld, die sauber eingebrachte Frucht, der gute Ertrag wurden als Belohnung empfunden und machten Mut, sich alljährlich erneut den Strapazen zu stellen.

Die Getreideernte der 1950er Jahre kannte durchaus mechanische Hilfen. Allein in Westdeutschland kamen einige hunderttausend Getreidemäher zum Einsatz. Exakte Bestandszahlen gibt es nicht. Denn die Statistiker übersahen nicht selten, dass Getreidemäher durchaus nicht mehr gleich Getreidemäher war. Es war schon ein gewaltiger Unterschied, ob eine gezogene Mähmaschine mit Handablage, ein Flügelableger oder gar ein Mähbinder zum Einsatz kam, die statistisch allesamt als „Mähmaschine“ zu Buche schlugen.

Helfer auf dem Kornfeld: der Traktor mit Mähbinder

Tatsächlich aber hingen Leistungsvolumen und Handarbeitsbedarf der Getreideernte von der zum Einsatz gebrachten Mähmaschine ab. Es machte eben viel aus, ob ein einfaches Mähgerät das Getreide nur schnitt – oder ob ein Bindemäher eingesetzt wurde, der das geschnittene Getreide gleich auch noch zusammenband. Man braucht nur einstige Bindefrauen zu fragen, ob ihnen der durch den Bindemäher bewirkte Fortschritt etwas bedeutete. Eindeutig wie sonst selten fällt die Antwort aus, und der Blick auf die Hände verleiht ihr zusätzliches Gewicht. Schließlich hat keine Bindefrau das Garbenbinden ohne verletzte Hände und Finger überstanden. Schnittverletzungen und eitrige Entzündungen waren an der Tagesordnung – auch dann, wenn sie das Knotenbinden in Perfektion beherrschte.
Kein Zweifel, der Mähbinder war eine unschlagbare Alternative. Doch der Zugkraftbedarf für den gespanngezogenen Mähbinder war hoch. Zwei, besser sogar drei Pferde waren vonnöten, und wer seine Zugtiere pflegte, sorgte dafür, dass am frühen Nachmittag ein Gespannwechsel erfolgte. Mit Traktor und Zapfwelle war auch diese Schwachstelle behoben. Schlagartig verringerte sich der Arbeitsbedarf, die Zahl der Erntehelfer schrumpfte weiter.
Geblieben war dagegen die Arbeit des Dreschens. Es wurde mit Hilfe von Dreschmaschinen erledigt. Von ihnen wurden 1950 allein für Westdeutschland 333 000 gezählt. Eigentlich hätten den Statistikern auch hier Zweifel kommen müssen, denn die stationäre Stiftendreschmachine hatte nur wenig mit der mobilen Großdreschmaschine mit Schlagleisten gemeinsam, die vor allem überbetrieblich zum Einsatz kam. Sie gab den Lohndreschern Geld und Brot. Diese Lohndrescher fuhren nach ausgeklügeltem Einsatzplan die Höfe an, um dort binnen weniger Tage oder gar Stunden den Ausdrusch zu besorgen, für den die Bauersleute früher die meiste Zeit des Winters hatten verwenden müssen. Imposant fiel vor allem der Hockendrusch draußen auf dem Feld aus. Hohe Strohdiemen, ein mächtiger Dreschkasten und ein Gewirr von Rohren und Leitungen gaben schon von weitem zu erkennen, dass da große Arbeit geleistet wurde. Auch die Zahl der mithelfenden Hände flößte Respekt ein, aber genau das hätte auch stutzig machen müssen. Rationalisierung lautete in den 1950er Jahren das Gebot der Stunde, und die Antwort ließ nicht auf sich warten. Erste Mähdrescher waren bereits vor

Dreschen auf offenem Feld

Viele Arbeitsgänge, eine Maschine: der Mähdrescher

Getreideverkauf an der Genossenschaft

Gemessenen Schrittes über den Acker

Kartoffelpflanzen in der Furche

Kartoffeln

Wie hätte es um den Hunger in der Nachkriegszeit gestanden, wäre da nicht – neben CARE-Paketen und US-Maiseinfuhren – wenigstens die Kartoffel gewesen? Auf „solanum tuberosum“, so der botanische Name der Pflanze aus der artenreichen Familie der Nachtschattengewächse, war auf dem heimischen Acker einmal mehr Verlass. Unbeeindruckt von politischen Wirren, wirtschaftlichen Verwerfungen und sozialen Irritationen lieferte sie, was die Menschen am dringendsten benötigten: hochwertige Nahrung. Auch wenn die Kartoffel zu rund 75 Prozent aus Wasser besteht, so teilen sich in die verbleibenden 25 Prozent Trockenmasse nicht weniger als 200 Inhaltsstoffe. Stärke, Zucker, Eiweiß, Magnesium, Calcium, Kalium, Eisen, Phosphor und Vitamine von A bis C machen die Kartoffel zu einem unserer wertvollsten Lebensmittel überhaupt. Doch was in der Mahlzeit und auf dem Teller tat-

Landarbeiterin
auf kleinen Füßen

Helfer auf der Pflanzmaschine

sächlich daraus wird, das liegt in des Menschen Hand. „An der Kartoffel kann man den Meisterkoch erkennen“, heißt ein kluges Wort, das in der Kartoffel weniger ein Nahrungsmittel, als vielmehr ein „Genussmittel“ sieht. Ob als Salzkartoffel oder als Kartoffelsalat, als Bratkartoffel oder Kartoffelsuppe, als Pommes frites oder Chips: Die Kartoffel lässt kaum einen Wunsch offen. Um so überraschender ist, dass der Kartoffelverzehr seit der „Hungerzeit“ der Kriegs- und frühen Nachkriegsjahre rückläufig ist. Wurden im Jahre 1949 noch 224 kg Kartoffeln je Kopf der Bevölkerung verzehrt, so sind es am Ende des 20. Jahrhunderts 72 kg. Für diese Entwicklung gibt es viele Gründe. Einer der wichtigsten: Unser Nahrungsangebot hat sich seit der „Fresswelle“ der 1950er Jahre scheinbar unendlich vervielfältigt, die Kartoffel ist da nur „eine unter vielen“.
Die Kartoffel verlangte und verlangt nicht nur in der Küche, sondern vor allem auch vom anbauenden Land-

Vorgekeimte Kartoffeln:
mit Fingerspitzengefühl zu pflanzen

Roden mit dem „Teufelsrad"

Harken, sammeln, Körbe laden: Herbstarbeit auf dem Kartoffelacker

wirt großes Geschick. Das beginnt schon beim Pflanzgut. Nicht jede Kartoffel ist zur Steckkartoffel geeignet. Auf die Augen kommt es an – die Augen der Pflanzknolle. Das setzt Gespür voraus und ist, wie Experten sagen, kaum zu erlernen. Auch das Pflanzen der Kartoffeln („Stecken") selbst hat es in sich. Die Legetiefe ist ebenso wichtig wie der Abstand von Pflanze zu Pflanze. Der „Markör", ein Setzholz zur Abstandsbestimmung, hat so manches Mal Ordnung auf dem Acker geschaffen, doch kam es vor, dass sein Einsatz als Zeichen der Schwäche gedeutet wurde. War aber dann der Korb umgehängt, gab es keinen Disput mehr. Gemessenen Schrittes gingen Mann und Frau über das Feld, ließen im Rhythmus Kartoffeln in die Furche fallen, häufelten sie an und hatten am Ende das zufriedene Gefühl, gute Arbeit geleistet zu haben. Daran hat sich bis heute nichts geändert, auch wenn inzwischen an den Traktor angebaute Automaten mit hoher Legeleistung und -genauigkeit zum Einsatz kommen.

Geschick verlangte auch das Kartoffelhacken. Unkrautbekämpfung war das eine Ziel, doch wichtiger noch war das Freilegen der Triebe, die unter schweren Bodenbrocken zu ver-

kümmern drohten. Der gefühlvoll eingesetzte Stiel der Hacke bewirkte wahre Wunder und holte nach, was eigentlich Aufgabe der Egge gewesen wäre. Unbeobachtet bleiben durfte das Kartoffelfeld aber nach dem zweiten und dritten Hacken nicht. Immer veränderte sich etwas – und wehe, das Kraut begann sich zu verfärben. Die Arbeit eines Jahres stand auf dem Spiel, wie so oft in der Landwirtschaft.
War es aber endlich Ende September geworden, begann die Kartoffelernte. Bis Ende der 1950er Jahre rückten dafür ganze Familien ins Feld. Schulkinder bekamen sogar eigens Ferien. Mit dem Roder wurden die Knollen ein- oder zweireihig freigelegt und über einen Rost oder einen Korb auf Schwad gebracht. Das Einsammeln der abgetrockneten Knollen blieb flinken Händen überlassen. Bücken, sammeln, gehen, Körbe schieben und wieder bücken: Die Anstrengung wollte kein Ende nehmen. Mancher war froh, dass ihn der Herrgott nicht gar zu groß hatte aufwachsen lassen.
Aber Technik half auch hier. Sammelroder vermochten in einem Arbeitsgang die Kartoffeln aus dem Boden zu lösen und sie frei von Fremdkörpern in einem Bunker einzusammeln. Unterschiedliche Rode-, Sieb- und Trennvorrichtungen wurden ersonnen und realisiert. Ein Hexenwerk waren sie nicht, auch wenn mancher alte Landwirt sie ob ihres Leistungsvermögens so einschätzte. Doch am Ende waren sie konkurrenzlos. Zu Vollerntern haben sie sich gemausert, zu echten „Profi-Maschinen", bei denen nicht mehr nach Knollen oder Körben, sondern nach Hektar und Doppelzentner oder gar Tonnen gemessen wird.

Kartoffeln roden, reinigen und sammeln in einem Arbeitsgang: der erste Vollernter

Kartoffeln kochen für das Vieh: die Dämpfmaschine

Das Saatbett für die Rüben bereiten

Die Rübeneinsaat

Futter- und Zuckerrüben

Zu den traditionell ertragsstarken Pflanzen zählen die Rüben. Ob als Futter-, Kohl- oder Zuckerrüben, stets bringen sie hohe Erträge. Doch unterschätzen darf man die Nutzpflanzen aus der botanischen Familie der „Beta vulgaris“ nicht. „Rüben wollen groß gehackt sein“, sagten die Altvorderen und ergänzten im Hinblick auf die Zuckerrüben: „Der Zucker wird in die Rübe reingehackt.“
Unkrautbekämpfung und Bodenlockerung waren unverzichtbar und gestalteten sich von Hand oder mit dem Gespann als Schwerstarbeit. „Rüben hacken gibt breite Hände und rote Backen“, hieß es dann, aber war

Früher vieler Hände Arbeit: das Hacken und Striegeln der Rüben

Mit Rübenroder und Metermaß auf dem Acker: Wie hoch ist der Ertrag?

Rübenköpfen mit dem Pferd

das ein Trost? Hackmaschinen oder Vielfachgeräte gab es zwar schon seit Jahrzehnten, als echte Alternative kamen sie für die Rübenbarone kaum in Betracht. Dafür ließ die Arbeitsqualität der Geräte doch noch sehr zu wünschen übrig.

So herrschten auch bei der Rübenernte bis weit in die 1950er Jahre Hand- und Gespannarbeit vor. Die Kernfrage vor jeder Rübenrodekampagne lautete: Hole ich erst die Rübe aus dem Boden und trenne dann das Blatt ab? Oder trenne ich erst das Blatt ab und lege dann die Rübe frei? Bibliotheken wurden darüber verfasst, Vor- und Nachteile der unterschiedlichen Verfahren gewichtet – und letztlich wurde dann auf dem Acker meist doch so verfahren, wie es

Rübenernte: Test eines Prototyps

Ernte im Schatten der Kühltürme

Mit der Reinigungswalze auf dem Rübenacker

Tradition war. In solchen Fällen heißt es dann oft: „Der Bauer hängt am Althergebrachten.“ Doch das ist arg verkürzt. Denn tatsächlich ist es das Erfahrungswissen, das auf dem Lande hoch geschätzt wird. Neues hat da durchaus eine Chance, nur schnell Aufgekochtes, Modisches, ist nicht gefragt.

Für die Innovationsbereitschaft der Bauern liefert gerade die Rübenernte viele Beispiele. Wie sonst hätten sie sich bereit erklärt, die in den Konstruktionsbüros von kreativen Köpfen ersonnenen „Querschwadköpfroder“, „Längsschwadköpfer“ oder „Bunkerköpfroder“ einzusetzen? Kompliziert waren schon diese Maschinenbezeichnungen ausgefal-

Die Kampagne läuft: Anfuhr in der Zuckerrübenfabrik

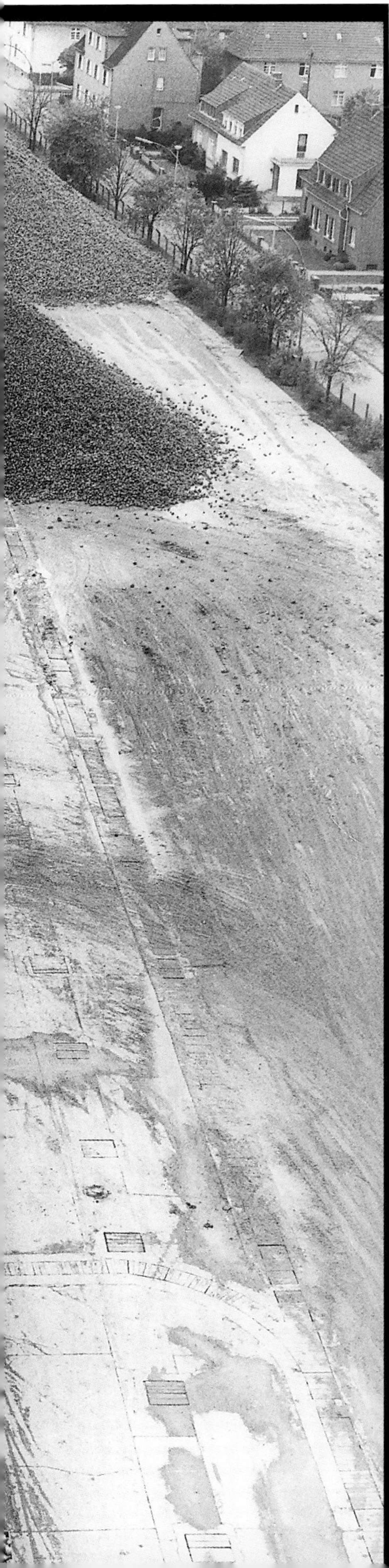

len. Kaum einfacher gestaltete sich der Einsatz der neuen Technik. Doch die Rübenbauern zogen mit. Ob allein oder in Maschinengemeinschaften erkannten sie, dass nur fortschrittlichste Mechanisierung dem Rübenbau eine Chance bot. So gaben sie sich mit einreihig arbeitenden Erntemaschinen nicht zufrieden.
Wie bei einer Olympiade, bei der das „Schneller, Höher, Weiter“ zur Maxime geworden ist, gelangten immer größere, technisch anspruchsvollere Rübenvollernter zum Einsatz. Zwei-, vier-, ja sechsreihige Köpfrodebunkermaschinen wurden entwickelt und bewährten sich rasch in der Praxis. Sie verringerten den Gesamtarbeitsaufwand auf einen Bruchteil früherer Zeiten und sind heute aus der Rübenernte nicht mehr wegzudenken.
Wie kaum ein anderer Bereich der Landwirtschaft ist die Rübenernte im Laufe des letzten halben Jahrhunderts durchrationalisiert und in hohem Maße mechanisiert worden. Nichts haben die ökonomisch

Bei der Runkelrübenernte

geschulten Kostenrechner dem Zufall überlassen. Selbst vor dem Rübenabfahren haben sie nicht Halt gemacht, das die Landwirte während der Kampagne in die Zuckerrübenfabriken führte, wo sich ihnen am Fuße riesiger Verladestationen Gelegenheit bot, sich auszutauschen, Auch diese Zeiten, da Landwirte mit hoch beladenen Traktor-Anhänger-Gespannen direkt zur Rübenfabrik fuhren, scheinen vorbei zu sein. Professionelle Fuhrunternehmer sind an ihre Stelle getreten. Sie arbeiten rascher, sauberer und unkomplizierter, so, wie es zum Computer-Zeitalter passt, auch wenn damit erneut ein Stück bäuerlicher Beschaulichkeit auf der Strecke geblieben ist.

Klaus Herrmann

Rübenblätter im Fahrsilo ...

... und Runkeln in der Feldmiete:
Der Futtervorrat ist gesichert

Zwischen Milchkammer und Dunkelkammer

50 Jahre Wandel in der Tierhaltung

Mit zwei Kannen am Lenker schiebt die Bäuerin ihr Fahrrad nach Hause. Offenbar hat sie gerade ihre Milchkühe auf der Weide gemolken. Was hätte sie wohl gesagt, wenn ihr jemand prophezeit hätte, dass einmal Tankwagen die Milch von den Höfen holen und Milchkannen „arbeitslos“ würden? Was hätte sie gesagt zum Wunderwerk der Melkmaschine? Oder gar zu den modernen melker- und kuhfreundlichen Melkständen? Wäre sie aus dem Staunen herausgekommen, wenn ihr jemand gesagt hätte, dass am Ende des 20. Jahrhunderts eine Kuh durchschnittlich 6100 Liter Milch pro Jahr gibt?

Nicht nur auf dem Acker, sondern auch in den Ställen hat sich seit Ende des Zweiten Weltkrieges der Arbeitsalltag der Bäuerinnen und Bauern grundlegend geändert. Melkmaschinen, Entmistungsanlagen, die automatische Stallfütterung und andere technische Geräte erleichterten das Tagewerk. Die Tierzucht wurde durch neue Methoden der Fütterung und Haltung revolutioniert.

Milchkühe und Rinder

Als „weißes Gold" der Bauern wird Milch seit Mitte des 19. Jahrhunderts gelobt. Das kann durchaus doppeldeutig verstanden werden. Zum einen garantiert die Milch der Landwirtschaft in der Regel ein gutes Einkommen. Zum anderen ist die Milch gleichermaßen Nahrungs- und Genussmittel und unterstreicht damit die Wichtigkeit der Landwirtschaft für die Bevölkerung. Dank Eiweiß und Fett, Kohlehydraten und Mineralstoffen sowie einer ganzen Palette von Vitaminen zählt die Milch zu einem der wertvollsten Nahrungsmittel überhaupt. In den 90er Jahren belief sich der jährliche Verzehr von Frischmilchprodukten auf über 80 kg pro Jahr und Person – doppelt so viel wie der Konsum von Fruchtsäften und viermal so viel wie der von Wein. Bei der Milch allein ist es nicht geblieben. Gute Speisezettel kommen ohne Butter und Sahne, Sauermilchprodukte und Käse nicht aus.

Auch wenn es für Bauern eine Binsenweisheit ist, so muss man es doch gelegentlich manchem Konsumenten sagen: „Lieferanten" der Milch sind Kühe. In einzigartiger Weise wandeln sie Grünfutter, das für den Menschen ungenießbar ist, in hochwertige Milch um. Sie allerdings will ermolken sein. Von allein fließt die Milch nicht, weshalb die Menschen über Jahrtausende hinweg Hand angelegt haben, um aus den Zitzen des Kuh-Euters die Milch herauszuholen. Im Zeitalter des Handmelkens, das hierzulande erst in den 60er Jahren zu Ende ging, waren bis zu 500 Handgriffe pro Melkvorgang erforderlich. Melken von Hand – das war eine Wissenschaft für sich. Da wurde gefaustelt und geknebelt, gelegentlich auch gestrippt, wobei allein das Ziel gleich war: Milchgewinnung in rascher, hygienisch einwandfreier und für den Menschen und das Tier möglichst angenehmer Weise.

Einfach aber gestaltete sich das Melken für die Bäuerinnen und Bauern nie. In gebückter Haltung auf einem Schemel sitzend, Finger und Unterarme belastend – das dauerte pro Kuh etwa 6 bis 10 Minuten. Gute Melker, oft „Schweizer" genannt, arbeiteten schneller als andere. Der Melkerfolg aber hing nicht nur vom Geschick des Melkers ab. Stets gab es Kühe, die sich leichter melken ließen als andere. Da kam es auf Länge, Form und Stellung der Zitzen ebenso an wie auf die Duldsamkeit der Kuh.

Zweimal täglich, frühmorgens und am späten Nachmittag, rückten Männer und Frauen mit Eimern und Kannen aus in die Ställe oder auf Weiden – dorthin, wo sich die Kühe gerade befanden. Dabei war Kuh nie gleich Kuh. Kühe waren und sind Individuen. Sie unterscheiden sich nach Größe, Art und Aussehen. Große, stolze Tiere standen und stehen neben kleinen, gedrückt wirkenden. Gute Futterverwerter gab und gibt es ebenso wie Kühe mit bescheidenem Leistungsvermögen. Hier das richtige Tier auszusuchen ist Sache des Bauern, der diese anspruchsvolle Aufgabe allerdings seit dem Ende des 19. Jahrhundert nicht allein zu meistern hat. Damals entstanden die ersten Zuchtorganisationen, auch schon – aus Dänemark kommend – die Milchleistungsprüfungen und schließlich die landwirtschaftlichen Beratungsdienste, die über hinreichend Erfahrung verfügen. Doch die letzte Entscheidung traf und trifft immer der Landwirt selbst.

Das war auch zu Beginn der 1950er Jahre so, als in vielen Ställen noch Kühe mit einem dreifach ausgerichteten Leistungsprofil standen. Arbeit, Milch und Fleisch stellten sie gleichzeitig zur Verfügung. Das allerdings bedeutete nichts anderes, als dass auf keinem der drei Felder Spitzenleistungen erreicht wurden. Eine Kuh, die tagsüber Pflug, Egge und Wagen zu ziehen hat, gibt nun einmal weniger Milch als ihr Schwestertier, das sich ausschließlich auf die Milchproduktion konzentrieren kann. Doch spätestens der Traktor befreite die Kühe von der kräftezehrenden Arbeit als Zugtier. Zu Beginn der 1960er Jahre kam es auf Spezialisierung an. Hohe Milchleistung und schmackhaftes Fleisch waren gefragt, während auf die Arbeit der Kühe weitgehend verzichtet werden konnte. Als Konsequenz ergab sich eine Umschichtung bei den Rinderrassen. Traditionsreiche Mehrnutzungsrinderrassen wie Pinzgauer, Vorder- und Hinterwälder, Glan-Donnersberger oder Murnau-Werdenfelser gerieten ins Hintertreffen. Sie zählen heute zumeist zu

Der Stolz des Züchters: für jedes prämierte Tier eine Marke über dem Stalltor

Füttern im Rinderstall

den im Bestand bedrohten Tierrassen. Auf der anderen Seite nahm der Bestand an Fleckvieh, Schwarzbunt- und Rotbuntvieh ebenso zu wie der Tierbestand der reinen Fleischrinderrassen Charolais, Deutsch-Angus oder Limousin.

Doch zurück zur Milch. Mit der Spezialisierung der Rinderhaltung gingen steigende Milchleistungen einher. Betrug die Jahresmilchleistung der Durchschnittskuh 1950 noch 2498 Kilogramm, so ist sie bis zum Jahr 2000 auf über 6100 kg geradezu explodiert.

Melken von Hand schließt sich da beinahe von selbst aus. Ingenieure und Techniker hatten bereits in den ersten Jahrzehnten des 20. Jahrhunderts mit der Konstruktion von Maschinen zum „mechanischen Milchentzug“ begonnen. Die ersten Gerätschaften verfügten freilich noch über so viele Mängel, dass sie sich nicht durchzusetzen vermochten. Euterkrankheiten, die von den Melkgeräten ausgelöst oder weitergetragen wurden, taten ihr Übriges, um den Ruf der ersten Pionier-Melkmaschinen zu ruinieren.

Ganze 5596 Melkmaschinen wurden 1949 in Westdeutschland gezählt. Einsatzbereit waren infolge allgemeinen Ersatzteilmangels nur die wenigsten. Nach 1950 änderte sich das. Der ungeachtet des Kriegs im In- und Ausland auf dem Gebiet der Melkmaschinenkonstruktion erreichte Fortschritt blieb den Landwirten nicht verborgen. Aufmerksam registrierten sie, dass allein auf der 1950 in Hamburg durchgeführten DLG-Wanderausstellung 50 verschiedene Melkmaschinenkonstruktionen angeboten wurden. Auch sorgte der 1951 erlassene Prüfzwang für Melkmaschinen dafür, dass

Harte Arbeit auf dem Melkschemel

die Bauern nun sicher sein konnten, praxistaugliche Maschinen zu erwerben. Binnen weniger Jahre wurden an die hundert verschiedene Melkmaschinen vom „Institut für milchwirtschaftliches Maschinenwesen“ in Weihenstephan getestet, um im Falle des Erfolgs mit dem von Herstellern wie Bauern begehrten DLG-Zertifikat versehen zu werden. Die „erste Generation“ der Melkmaschinen waren so genannte Eimermelkanlagen. Eine Vakuumleitung sorgte für den nötigen Unterdruck der Melkzeuge, die Milch floss in Eimer oder Kannen, die bis zu 20 l fassten. Sie mussten dann quer durch den Stall in die Milchkammer getragen werden

Bewunderung für die fahrbare Melkmaschine

– ein hartes Stück Arbeit, die da geleistet werden musste, zumal von Bäuerinnen, die oftmals das Melken erledigten.
Der Schritt zur „zweiten Generation" der Melkmaschinen war da rasch und gern vollzogen: Ihr Kniff bestand darin, nicht nur das Vakuum über Rohrleitungen und Schläuche zum Melkzeug und zur Kuh zu leiten, sondern die gewonnene Milch über eine weitere getrennte Rohrleitung direkt in die Milchkammer zu leiten. Damit entfiel das mühselige Schleppen der vollen, schweren Kannen. Auch konnte eine Person zwei bis vier Melkzeuge gleichzeitig bedienen – die Zeit des Melkens verkürzte sich. Hinzu

Melken mit einer umgehängten Eimeranlage

kamen weitere Neuerungen: spezielle Zitzengummis, eine verbesserte Ausgestaltung der Melkzeuge, der Pulsatoren, der Sammelstücke und Milchabscheider, der Milchschleusen, Reinigungs- und Desinfektionsapparaturen. Doch was immer sich sonst änderte: Die Rohrmelkanlagen, von den Bäuerinnen und Bauern vereinfacht „Absauganlagen" genannt, tukkerten zeitweise in rund 90 Prozent aller Milchvieh haltenden Betriebe vor sich hin.

Die Tiere standen in Anbindeställen – 24 Stunden am Tag ohne größere Bewegung, zumindest den Winter hindurch. Abwechslung brachte da erst das Frühjahr, wenn die Kühe den Stall tagsüber verlassen konnten. Beim ersten Weideaustrieb mussten die Bäuerinnen und Bauern gut aufpassen, damit die Kühe in ihrer neuen Freiheit nicht allzu übermütig wurden. Im Sommer wurden die Tiere dann oft auch abends nach dem Melken wieder nach draußen getrieben. Im kühleren Herbst blieb dann wieder nur der Tag für den Weideauslauf – und dann folgte für die Tiere wieder der nicht enden wollende Winter im Stall.

Aber was konnten diejenigen Bauern tun, deren Weiden so weit vom Hof und vom Stall lagen, dass im Sommer der tägliche Heimtrieb der Tiere nicht möglich war? Diese Kühe mussten

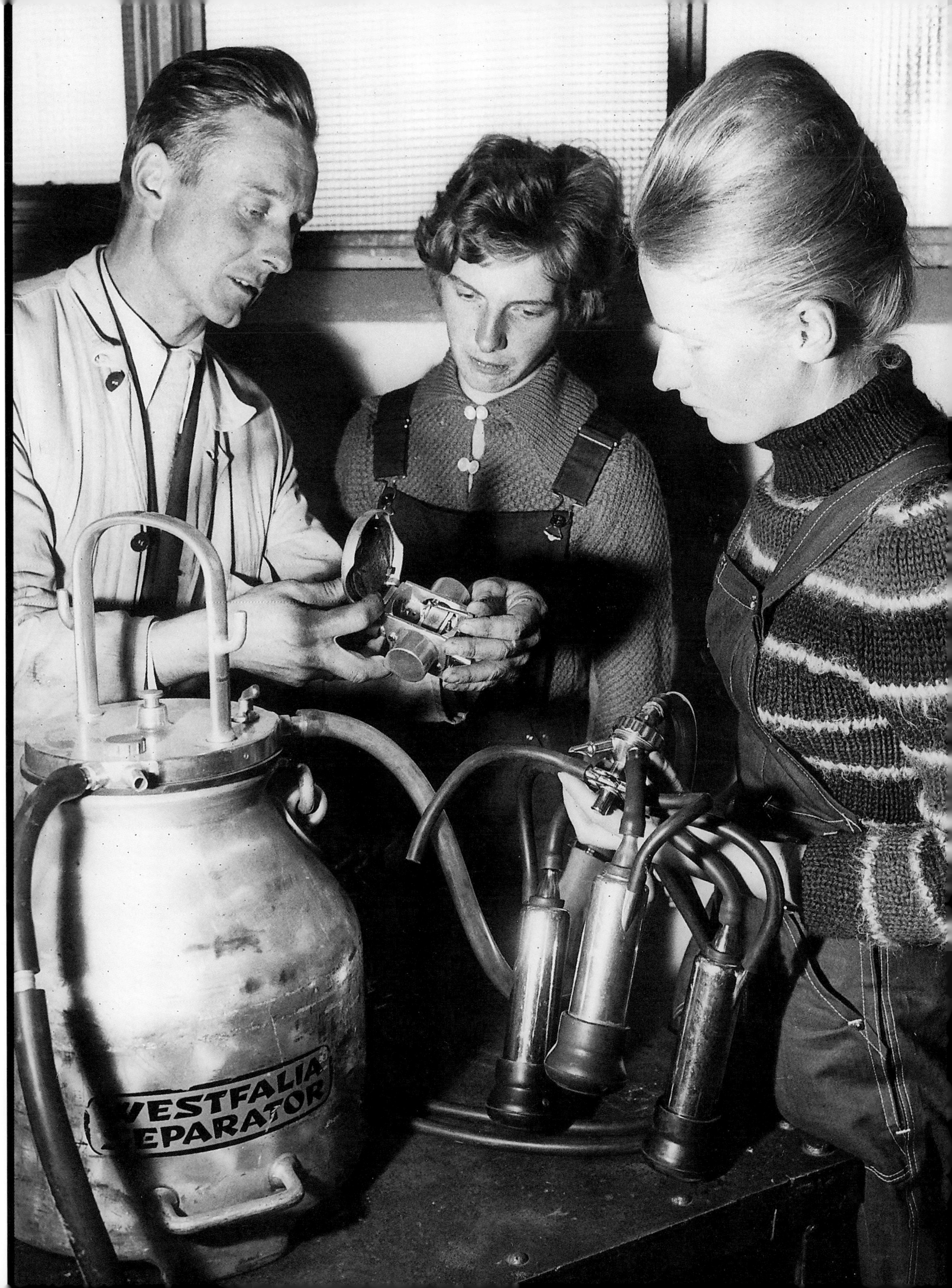

In der Landwirtschaftsschule

Melken auf der Weide

nicht selten weiterhin mit der Hand gemolken werden. Doch wenn die Tiere nicht zur Technik kamen, musste die Technik zu den Tieren kommen – so entstand die Idee der Weidemelkanlage. Manche wurden von Bauern selbst konstruiert. Sie montierten die Melkmaschine in einem einfachen Unterstand, in dessen Nähe ein Futtertrog mit Fressgitter aufgestellt wurde. Der Treckermotor oder auch ein Elektromotor lieferten die Energie, um die Vakuumpumpe anzutreiben – das Melken unter freiem Himmel konnte beginnen.
Auch Melktechnik-Hersteller ließen sich nicht lange bitten. Sie konstruierten unterschiedlich komfortable Weidemelkanlagen – mal mit vier oder sechs, mal mit acht oder zehn Anbindeplätzen. Mal standen die Kühe in einer Reihe nebeneinander,

Der Traktor treibt den Melkmaschinenmotor

mal standen sie sich in zwei Reihen gegenüber.

Doch ob Stall- oder Weidemelken: Die Zeit der Milchhäuschen und Milchgeschirrbänke, die Zeit der Eimer und Kannen war noch nicht vorüber. Fünf Millionen Kannen soll es einmal in Deutschland gegeben haben, mit einem Fassungsvermögen zwischen 10 und 60 Litern. Ursprünglich waren sie aus Holz.

Der Milchkontrolleur

Spätestens in der Nachkriegszeit setzten sich verzinntes Stahlblech und Aluminium als Werkstoff für Milchkannen durch. Haltbarkeit, Hygiene sowie Geschmacks- und Geruchsneutralität waren Faktoren, die über Erfolg und Misserfolg von Milchkannen entschieden. Auch sollten sie dicht abzuschließen sein und die Milch kühl halten. Stimmte alles, dann durften die Milchkannen auch ihren Preis haben. Leer wogen die Kannen zwischen 6 und 12 Kilogramm, gefüllt waren zwischen

In der Milchkammer

30 und 50 Kilogramm die Regel. Nicht wenige haben sich auf dem Land an Milchkannen krumm gehoben. Frauen und Kinder wurden dabei nicht geschont. Landtechnische Pioniere der Nachkriegszeit erregten Aufsehen mit der Forderung: „Warum tragen, was rollen kann?“ Nach und nach kamen Milchkarren und Transportwagen auf die Höfe, die ihrerseits durch fahrbare Milchtanks abgelöst wurden. Doch auch diese entsprechen nicht mehr dem aktuellen Stand. Größere Kuhherden erfordern stationäre Milchtanks aus hochwertigem Edelstahl. Sie bewahren die Milch im gekühlten Zustand hygienisch einwandfrei so lange auf, bis der Milchwagen auf den Hof fährt, das „weiße Gold“ durch Rohre und Stutzen absaugt und die Milch dann zur Molkerei befördert.
Für die größten Veränderungen in der Milchviehhaltung freilich sorgten zwei andere Ideen: zum einen die der Laufställe, in denen sich die Tiere mehr oder weniger frei bewegen konnten, zum anderen die ebenso schlichte wie revolutionäre Idee der „Melkstände“. War es bislang der Melker, der zu den Kühen kam, so gingen in diesen neuen Ställen die Kühe zum Melker. Neu war auch,

Warten auf den Milchwagen

Der Bauer und der Milchwagenfahrer

Gespräch zwischen Milchkanne und Tankwagen

dass dessen Arbeitsplatz tiefer gelegt wurde. Die Stiefel des Melkers standen etwa 90 cm tiefer als die Klauen der Kühe. Der Euter zog gewissermaßen in Augenhöhe am Melker vorüber. Ohne Bücken konnten der Bauer oder die Bäuerin nun arbeiten. Erstmals in aufrechter Haltung konnten sie das Euter waschen, die Zitzen kontrollieren, das Melkgeschirr ansetzen, den Melkvorgang beobachten und schließlich die Melkbecher wieder abnehmen – was für eine ungeheure Arbeitserleichterung im Gegensatz zum früheren Dauerbücken!

Herrschte zunächst der Einzelmelkstand vor, so erkannte man schon nach wenigen Jahren die Vorzüge von Gruppenmelkständen. Bei ihnen wechselte die Tiergruppe in allen Melkboxen gleichzeitig – ein weiterer Schritt hin zur Automatisierung des Melkbetriebs. Als besonders wirkungsvoll erwies sich der Tandem-Melkstand: Sein Kennzeichen war die Längsaufstellung der Kühe beiderseits des Melkerarbeitsgangs. Hilfreich bei dieser vielfältigen Arbeit war auch die elektrische Anzeige, die das Ende des Melkens signalisierte. Erstmals 1933 von einem belgischen Melkmaschinenhersteller eingesetzt, war die Warnanlage nun so weit verbessert worden, dass sie automatisch zu blinken begann, wenn sich eine Kuh länger als vier Minuten leer gemolken im Stand befand. Eine Alternative zum Tandem-Melkstand bildete der Fischgrätmelkstand. Bei ihm standen die Kühe nicht mehr hintereinander, sondern beiderseits des Melkergangs im schrägen Winkel seitlich versetzt nebeneinander. Auf Melkbuchten konnte so verzichtet werden – das schaffte Raum beim Melken, was wiederum Arbeitszeit ersparte. In einem hoch mechanisierten Fischgrätmelkstand konnte Mitte der 70er Jahre eine einzige Person bis zu 40 Kühe in der Stunde ordnungsgemäß melken. Auch beim Fischgrätenstand blieb die Entwicklung nicht stehen. 1967 wurde der so genannte „Doppel-Sechser“ vorgestellt: Das war kein Glücksspiel, sondern ein hochmoderner Melkstand, bei dem Milchfließkurven aufgezeichnet und Pulstakt und Frequenz der Anlage

erstmals elektronisch gesteuert werden konnten. Damit zog die moderne Schalt- und Computertechnik in den Milchviehstall ein. Fast alle Bauern staunten, wenn sie die auf dem „Unteren Lindenhof“ bei Reutlingen installierte Prototyp-Anlage besichtigten.
Ein „Wallfahrtsort“ für Milchviehbauern wurde damals auch das „Kuhtel“ in Essen. Dort war eines der ersten Melkkarussells installiert. Kühe betraten hier einen drehbaren Melkstand. Nach einer Umdrehung waren sie gemolken – eine Konstruktion, die viel Platz bedurfte und, wie Betriebswirtschaftler damals vorrechneten, erst ab Beständen von rund 100 Milchkühen rentabel war.
Elektronische Steuerung und große Tierbestände – war das die Zukunft? Viele Bauern mochten damals daran gezweifelt haben. Doch ihnen war klar, dass damit ein großer Schritt hin zu automatischen Melksystemen, den so genannten „Melkrobotern“, eingeleitet war, der inzwischen Wirklichkeit geworden ist.
Alles in der Rindviehhaltung befand – und befindet – sich im Umbruch. Die Tiere werden größer und schwerer, ihre Leistung steigt von Jahr zu Jahr. Ställe und Melktechnik geraten immer aufwendiger, anspruchsvoller

Das Melkkarussell

Scharfe Augen auf dem Viehmarkt

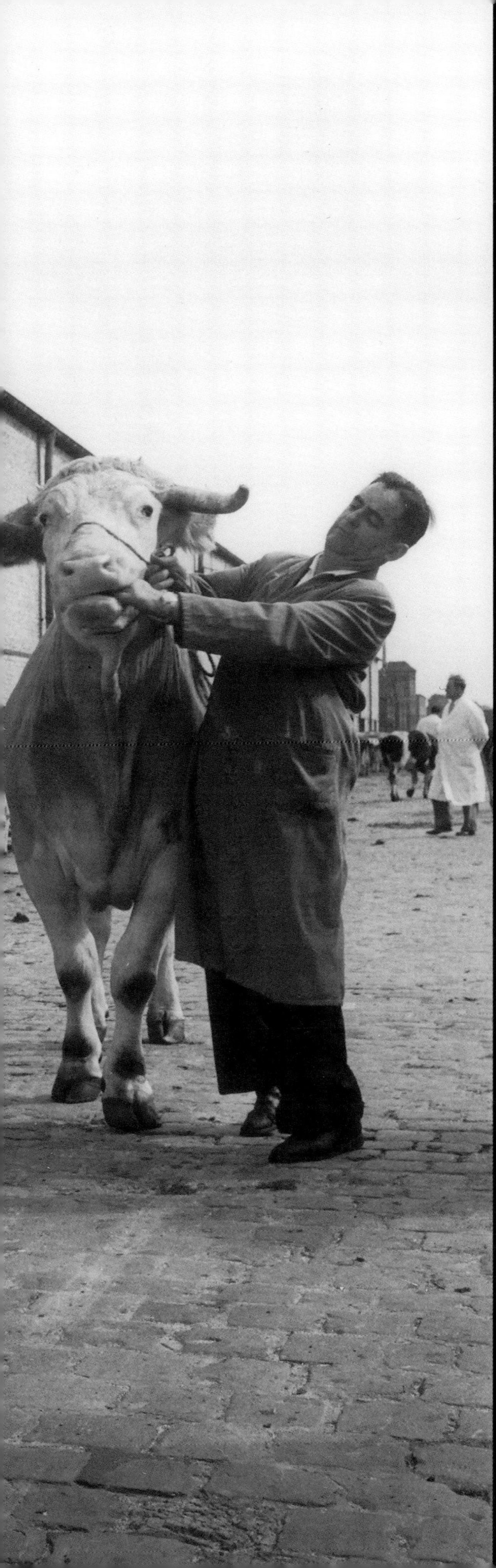

Käufer und Verkäufer in der Viehhandelshalle

– und teurer werden sie ohnehin. Alte Rassen verschwinden, erfolgreiche werden durch Kreuzungen noch leistungsfähiger. Aus dem Bewusstsein der Menschen aber sind Rinder vor allem in den städtischen Ballungsgebieten weitgehend verschwunden. Es ist kein Zufall, wenn Schüler, durch gekonnte Werbung beeinflusst, bisweilen davon ausgehen, die dominierende Rinderfarbe sei lila.
Vor einigen Jahrzehnten noch hätte man sich nicht gewagt, nach der Farbe von Kühen zu fragen. Da war es eine Selbstverständlichkeit zu wissen, dass Schwarz und Rot, Braun und Grau die vorherrschenden Rinderfarben sind. Auch gehörte es zum Allgemeinwissen, dass ein Euter

Körung auf der Tierschau

in aller Regel vier Zitzen hat. Selbstverständlich war ferner, dass die Kuh vor dem Kalben zum Bullen geführt wurde. Zum ersten Mal im Alter von etwa 15 Monaten war dies der Fall, denn ein Abkalben mit zwei Jahren wurde allgemein als günstig erachtet. Dann wiederholte sich die Prozedur alle zwölf Monate, bis die Fruchtbarkeit erlosch. Dabei war der Natursprung allemal ein Spektakel und nie frei von Risiken. Gute Bullen aber waren der ganze Stolz eines Vieh haltenden Bauern. Mit häufig mehr als 1000 Kilogramm Lebendgewicht galten Bullen als Sinnbilder urwüchsiger Kraft. In die Rolle des Vererbers wurden sie von klein auf eingeführt. Ihre Futterrationen fielen größer aus als die der anderen Rinder.
Bewegten sich die anderen Jungtiere auf der Weide, wurde der Jungbulle zunächst am Halfter, später an der Stange geführt. Korrekte Gliedmaßen und Klauen waren ebenso unverzichtbar wie ein majestätischer Gang, vor allem, wenn das Tier nach der Körung im Rahmen einer der großen Tierschauen dem Publikum vorgestellt werden sollte. Da ging ein Raunen durch den großen Ring, wenn das mächtige Tier vor die Richter geführt wurde, die es begutachteten. Anerkannte Sachverständige mit weißem Kittel und einem Zollstock in der Hand walteten dann ihres Amtes. Den Züchtern aber schlug das Herz wie sonst selten. Mit dem Bullen standen sie selbst auf dem Prüfstand. Erste Preise zu erringen galt manchem Züchter mehr als der eigene Geburtstag. Letzterer, so sagte ein großer norddeutscher Rinderzüchter einmal, wiederholt sich jährlich, eine erfolgreiche Bullenprämierung dagegen erlebt der eine oder andere Züchter nur ein einziges Mal im Leben.
Kleinere Bauern vor allem Süddeutschlands mussten sich dagegen mit dem Gemeindebullen zufrieden geben. Im gemeindeeigenen Bullenstall, der auch schon einmal im Erdgeschoss des Rathauses liegen konnte, wurde das Tier von einem Pfleger gegen geringes Entgelt gehalten und stand den Kühen der ortsansässigen Landwirte zur Verfügung. Sein Ankauf war Sache des Bürgermeisters, der aber in aller Regel nicht allein entscheiden mochte. Häufig sicherte er sich durch das Urteil sachkundiger Gemeinderäte ab, die die Reise zu einem der Viehmärkte der

Auf dem Viehmarkt

Nachbarschaft zumeist als willkommene Abwechslung des Alltags erachteten.
Es soll vorgekommen sein, dass sich Bürgermeister und Gemeinderäte in der Leistungsbereitschaft des Bullen geirrt haben. Dann machte im Dorfkrug das Wort von der „Geschlechtsuntüchtigkeit" des Bullen die Runde. Sein Weg führte dann unweigerlich zum Metzger – da kannte man auf dem Lande keinen Kompromiss.
Seit den 50er Jahren bekam der Gemeindebulle Konkurrenz – vom „Rucksackbullen". So nannten die Bauern jene Tierärzte, die sich damals als erste auf die Methode der künstlichen Besamung verstanden. Bullensamen mit Glasröhrchen und Pipette instrumentell zu übertragen – das war in Dänemark und den USA bestens erprobt, ehe es sich – durch den Krieg verzögert – auch in Deutschland durchsetzte. Bauern und Tierärzte schlossen sich zu Vereinen und Genossenschaften zusammen, um die künstliche Besamung zu organisieren. Mit ihr wurde die gezielte Zucht verfeinert und auch beschleunigt. Auch hatten die Bauern ein probates Mittel an der Hand, die Deckseuchen zu bekämpfen, die bis dahin ständig aufflackerten. Die künstliche Besamung hatte also viele Vorzüge.

Der „Rucksackbulle" im Rindviehstall

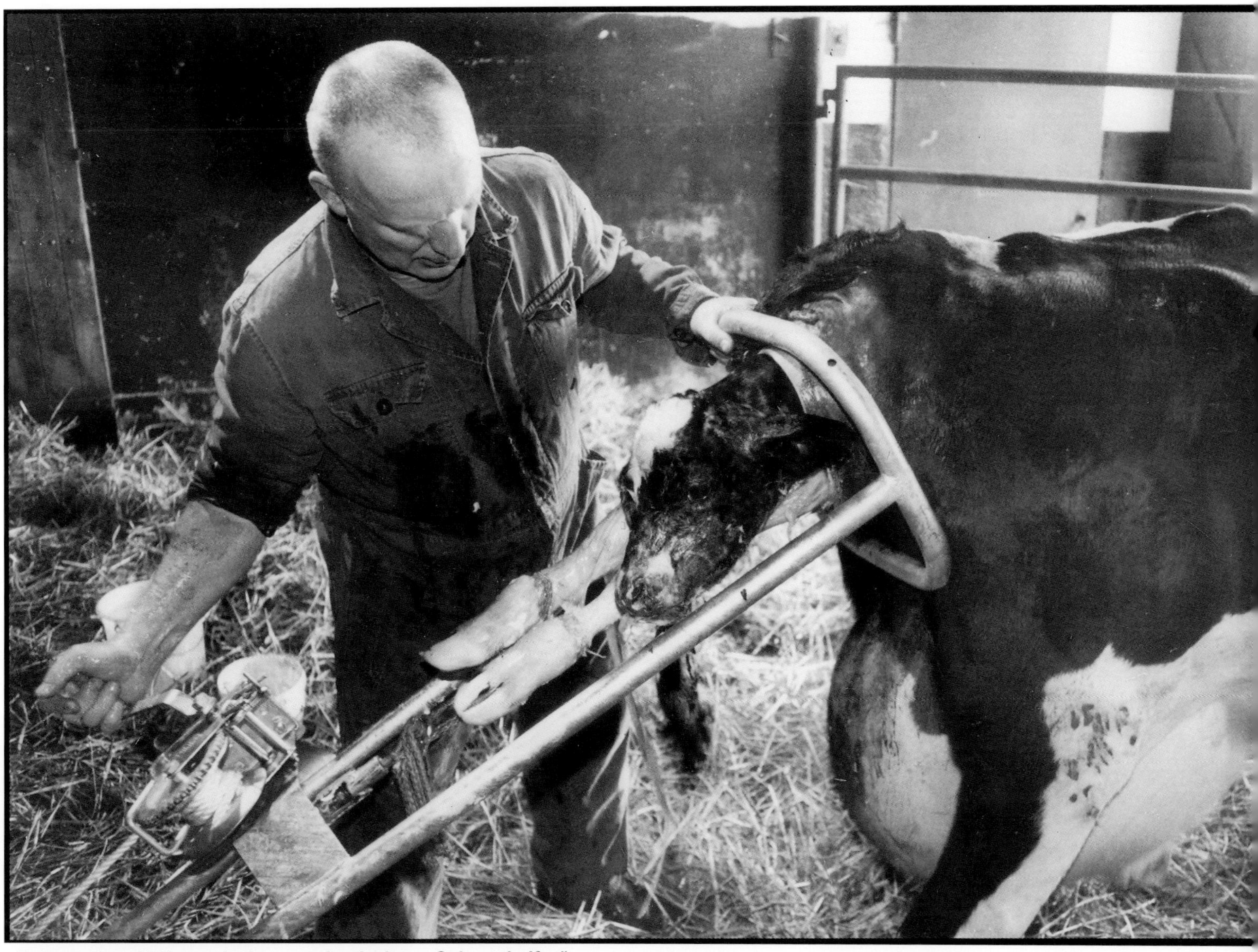

Geburt eines Kalbes mit dem mechanischen „Geburtshelfer"

Aber sie hatte auch viele Gegner, zumindest anfangs. Die Bullenzüchter zum Beispiel, die um ihre Einnahmequellen fürchteten. Auch Moralapostel traten auf, die wetterten, die künstliche Besamung sei „widernatürlich". In der landwirtschaftlichen Fachpresse wurden sogar Stimmen laut, die in den 50er Jahren die künstliche Besamung als „russische Erfindung" geißelten, als Ausdruck eines „materialistischen Kollektivismus östlicher Prägung", die „der hochorganisierten Tierzucht des Abendlandes den Untergang bringen wird". Doch der Untergang blieb aus.

Die künstliche Besamung setzte sich durch. Der „Rucksackbulle" ist längst ständiger Gast auf den Höfen, und die instrumentelle Samenübertragung ist aus der modernen Rinderzucht nicht mehr wegzudenken.

Bauer und Lehrling im Schweinestall

Futter häckseln für den Schweinetrog

Die Schweinekörung

Futtertrog unter freiem Himmel

Die Ferkelwaage

Schweine

Schweine gehörten von alters her auf jeden Hof. Sie waren, zumindest in Friedenszeiten, die idealen „Resteverwerter“ und standen als Allesfresser außerhalb der Kritik. Zu Kriegszeiten lagen die Dinge anders. Da sahen die Menschen in den Schweinen „Nahrungskonkurrenten“. Es hieß: „Die Schweine fressen am Tisch mit“ – und das bedeutete so viel wie: „Alles, was Schweine fressen, kann auch der menschlichen Ernährung dienen.“ Deshalb sind die Schweinebestände während der Weltkriege auch jeweils stark zurückgegangen. Doch von Dauer war dies nicht. Nach Kriegsende wuchsen die Bestände rasch an, schließlich wollte man auf das schmackhafte Schweinefleisch nicht verzichten. Nun machte

In der Schweinebucht

Ein großer Wurf

Fütterung im Schweinestall

ein anderes Wort auf dem Lande die Runde. „Schweine bringen Scheine“, sagten die Bauern und gaben zu erkennen, dass mit Schweinen gutes Geld zu verdienen war.
Die Schweinehaltung der 50er Jahre hatte einen anderen Zuschnitt, als dies heute der Fall ist. 1953 wurden im Bundesdurchschnitt gerade einmal 5,6 Schweine je Betrieb gehalten. Stall, Unterstand und Auslauf bildeten eine Einheit. Da konnten sich Säue und Ferkel suhlen, den Boden durchwühlen und vor allem sich bewegen, denn von Haus aus sind Schweine Läufertiere. Erstaunliche Wegstrecken haben sie pro Tag zurückgelegt und dabei stets das ihnen eigene soziale Verhalten gepflegt. Das Leben in Gruppen ist ihnen wichtig und der Schutz der Ferkel selbstverständlich. Auch zwischen den Bauern und den Borstentieren entwickelten sich besondere Eigenheiten. Meist reichte ein Pfiff, um die Tiere aus der entferntesten Ecke des Auslaufs zum Gatter zu locken, wo es dann in aller Regel irgendetwas zu fressen oder zu trinken gab.
Nicht selten lief der Eber mit den Sauen durchs Gelände. Er hatte dafür zu sorgen, dass rauschende Jungsauen und Muttertiere beizeiten gedeckt wurden, doch damit begann nicht selten die Malaise. Alle Sauen sollten gedeckt sein, doch Eber waren nie

Schweine unter freiem Himmel

frei von Präferenzen. Also griff der Bauer ein. Er trennte Sauen und Eber und praktizierte fortan den „Sprung aus der Hand“. Zum günstigsten Zeitpunkt, mitten in der Brunst, brachte er den Eber zur Sau, um ihn gezielt springen zu lassen. Bei Misserfolg musste der Eber nochmals ran, doch dann war es meistens geschafft. Rund vier Monate später kamen die Ferkel zur Welt. Dabei war es für den Bauern stets angeraten, bei

der Geburt der Ferkel zugegen zu sein. Denn so robust ältere Schweine gewöhnlich sind, so empfindlich sind sie als Neugeborene.
Sind sie aber aus dem Gröbsten heraus, dann wird gemessen und gewogen. Erfolg bemisst sich an der Gewichtszunahme, und da werden bemerkenswerte Ergebnisse erreicht. Mit 200 Gramm pro Tag geht es los und bereits in der 10. Woche sollten es gut und gerne 500 Gramm täglich sein. Um diese im weiteren Schweineleben noch größeren Gewichtszuwächse zu erreichen, haben sich ganze Wissenschaftlergenerationen Gedanken gemacht. Die Schweinefütterung geriet zum Buch mit sieben Siegeln – und die Fütterung mit der Kelle ist abgelöst worden von technischen Neuerungen wie Fütterungsautomaten, deren Steuerung seit den frühen 80er Jahren der Computer übernommen hat. Doch auch er will „gefüttert" werden – und ganz ohne die ruhige Hand und das wache Auge des Bauern oder der Bäuerin geht es auch im Zeitalter der vollklimatisierten Schweinemastställe nicht.

Die Hausschlachtung – Arbeitshöhepunkt im Spätherbst

Neue Küken kommen

HÜHNER

Wie die Schweine, so gehörten auch die Hühner in früheren Zeiten zu jedem Bauernhof. Manche Hühnerrassen, seit dem 19. Jahrhundert gezüchtet, waren wegen ihrer Legeleistung berüchtigt: die „Lakenfelder“ beispielsweise oder auch die „Westfälischen Totleger“; diese Hühnerrasse bringt niemanden um, sondern verdankt ihren Namen den vielen Eiern, die sie zu legen imstande waren. „Die legen bis zu ihrem Tode“, so die Erklärung der Bauern, die der Rasse den Namen gab.
Eine Durchschnittshenne freilich brachte es Ende der 40er Jahre auf etwa 100 Eier pro Jahr und sorgte so dafür, dass die Bäuerin über den Ab-Hof-Verkauf der Eier das nötige Kleingeld ins Portemonnaie bekam. Da hatte der Bauer keine Mitsprache, Hühnerhaltung war Frauensache.
Aber auch in den Hühnerställen hat seit den 60er Jahren die Spezialisierung Einzug gehalten. Komplizierte und umstrittene Aufstalltechniken wie Käfig und „Legebatterien“ leiteten zu höherer Professionalität über und sorgten dafür, dass die Hühnerhaltung nach und nach aus der Vielzahl der bäuerlichen Betriebe herauswanderte und zum Haupterwerb geworden ist.
Selbst dabei ist man nicht stehen geblieben. Brütereien existieren inzwischen neben Junghennenauf-

Die Legeleistung
wird notiert

zuchten, Elterntierhaltungen, Legehennenhaltereien und Geflügelmastbetrieben. Dabei handelt es sich durchweg um agroindustrielle Großunternehmen. Die Landwirte dürfen froh sein, wenn sie auf Vertragsbasis etwa als Mäster noch an der „modernen“ Geflügelwirtschaft teilhaben dürfen. Und die Hühner? Allein zwischen 1950 und 1980 verdoppelte sich die Legeleistung der Durchschnittshenne von 120 auf 242 Eier pro Jahr. Seitdem sind weitere 20 Jahre ins Land gegangen. 300 Eier pro Henne und Jahr sind nicht mehr ferne, was nun wiederum den Verbraucher in Zugzwang bringt. Sein Eierhunger hat seit 1950 zwar ebenfalls zugenommen, aber auf mehr als 230 Eier bringt es der Durchschnittsbürger bislang nicht. Ungebrochener Wertschätzung erfreut sich das Geflügelfleisch, das in aller Regel auch nicht mehr vom nächsten Bauern am Ortsrand stammt, dafür aber, als Brust, Flügel oder Keule fertig verpackt, in keiner Fleischtheke fehlt.

Klaus Herrmann

Die Fahrt zum Kunden kann beginnen

BAUERN, PROMINI

STRUKTURWANDEL UND AGRARPOLITIK

Wenn das kein Bildmotiv für einen engagierten Fotojournalisten ist: Da geht ein ausgemachter Bundeslandwirtschaftsminister mitten in einem Weizenfeld in die Hocke. Der Mann ist selbst Bauer, aber hier lässt er sich mit weißem Hemd und Schlips zwischen den Ähren nieder. Natürlich kann sich Anfang der 90er Jahre keiner der anwesenden Presse-Fotografen dieses so schlagzeilenträchtige Motiv mit dem Landwirtschaftsminister Jochen Borchert entgehen lassen. Oder doch?

Unser Fotograf Wolfgang Schiffer reihte sich nicht in die Gruppe seiner Kollegen ein. Er trat ein paar Schritte zurück, um die gesamte Szene abzulichten: links die hektisch agierenden und um den besten Bildausschnitt kämpfenden Bildjournalisten, rechts den ruhig und kalkuliert lächelnden Agrarpolitiker und Landwirt. Wollte Schiffer zeigen, wie unwirklich, ja absurd bisweilen solche „gestellten“ Fotos wirken können, wenn man sie nur aus einigen Schritten Entfernung betrachtet? Wollte er dokumentieren, wie das Miteinander von Medien und Politik funktioniert – und wie es sich seit seinem Berufsstart in den 50er Jahren gewandelt hat?

Höfesterben und stille Revolution

Soviel ist sicher: Um 1950 wäre solch eine Szene eines Ministers im Kornfeld wohl kaum denkbar gewesen – und das nicht nur, weil nach den bitteren Hungerjahren der Kriegs- und frühen Nachkriegszeit ein Kornfeld kurz vor der Ernte „heilig“ war und von niemandem betreten werden durfte. Hinzu kam, dass (noch) niemand nach solchen Fotos verlangte. Auf Politikern wie Journalisten lastete noch nicht der Druck medialer Sensationshascherei und Reizüberflutung. In der Regel wurden Politiker qua Amt respektiert – und gerade die Aufgabe des Landwirtschafts- und Ernährungsministers genoss in der jungen Bundesrepublik ein hohes Ansehen. Immerhin war er zuständig für einen Wirtschaftszweig, der in den „Kinderjahren“ der Republik einen erheblichen Faktor im Wirtschaftsleben darstellte: Der primäre Sektor trug im ersten Jahr der Bundesrepublik immerhin rund ein Achtel (12 %) zur Wertschöpfung der westdeutschen Volkswirtschaft bei. 1,6 Millionen Bauernhöfe wurden damals in Westdeutschland gezählt.

Die Landwirtschaft bot Arbeit für mehr als 5 Millionen Menschen, hinzu kamen weitere 1,5 Millionen teilbeschäftigte Männer und Frauen; insgesamt fanden knapp ein Viertel aller Erwerbstätigen im Land Arbeit in der Landwirtschaft, die zudem einen wesentlichen Teil der Ernährung sicherte – gerade das lenkte weit über die ersten Nachkriegsjahre hinaus die volle Aufmerksamkeit der „Städter“ auf das Land.

In den folgenden Jahrzehnten änderte sich all das von Grund auf. Viele Betriebe gaben auf. „Strukturwandel“ nannten es die einen, „Höfesterben“ die anderen. Um 1970 unterschritt die Zahl der landwirtschaftlichen Betriebe in Westdeutschland erstmals die Millionen-Grenze. Hinzu kam, dass Mechanisierung, Motorisierung sowie die Intensivierung der Produktion den Arbeitsalltag auf den Höfen veränderten – Klaus Herrmann hat das in den beiden vorangegangenen Kapiteln dieses Buches dargestellt. Eine „stille Revolution“ vollzog sich auf dem Land, die vieles in Frage stellte und vieles veränderte: die Bauernfamilien, die Dörfer, die Agrarpolitik und nicht zuletzt auch die Berichterstattung über „das Land“ in den Medien.

Die Gründe für den Strukturwandel sind vielfältig und kaum auf eine Ursache allein zurückzuführen. Viele Bauern standen vor der schwierigen Entscheidung, entweder den Hof unter enormem Aufwand an Kapital und Arbeit zu modernisieren oder abzuwandern in andere Berufe. Gerade in „Wirtschaftswunder“-Zeiten lockten Industrie, Handel und Gewerbe mit besseren und vor allem mit sicheren Verdiensten.

Doch das düstere Bild sterbender Höfe darf über eines nicht hinwegtäuschen: Die Landwirtschaft konnte ihr Wachstum gerade in den Jahrzehnten nach der Währungsreform 1948 in erstaunlichem Ausmaß steigern. In Nordrhein-Westfalen beispielsweise, so haben Statistiker errechnet, betrug der Produktivitätsanstieg der Landwirtschaft in den 50er Jahren 66 Prozent, in den 60er Jahren 62 Prozent. Zum Vergleich: In der Industrie dieses Bundeslandes lag der Produktivitätszuwachs im gleichen Zeitraum bei 59 bzw. 44 Prozent. Auch solche Unterschiede waren es, die den Bauern in jenen Jahren Selbstbewusstsein vermittelten. Gerechterweise muss man freilich einräumen, dass gerade in der Landwirtschaft die Produktivität von einem niedrigen Niveau ausging. Die Jahrzehnte zuvor, die Zeit zwischen dem Beginn des Ersten und dem Ende des Zweiten Weltkrieges hatten die Modernisierung der Landwirtschaft abgebremst, wenn nicht gar völlig unterbunden. Die 50er Jahre und 60er Jahre standen also ganz im Zeichen einer „nachgeholten Modernisierung“ auf dem Land. Das spiegelte sich in den stürmischen Verkaufszahlen der Schlepper wider – und im dramatischen Rückgang der Pferdebestände.

Mit dem Schlepper befand sich in den 50er und 60er Jahren der gesamte Landmaschinensektor im Aufwind. Die großen

Auf der Landtechnik-messe: Die neuen Treckermodelle kommen

Rendezvous am Porsche

Auf der Landtechnikmesse: Staunen über den „Traktor ohne Bauch"

Messen für die Landwirtschaft, so etwa die Landtechnikschauen in München, Frankfurt oder Hannover, waren gut besuchte Großereignisse und fanden weit über den engeren agrarischen Interessentenkreis hinaus Beachtung. Technische Neuerungen wie etwa der „bauchlose" Traktor-Geräteträger, 1951 vorgestellt, oder der erste selbstfahrende und nicht mehr treckergezogene Mähdrescher, 1953 präsentiert, wurden auch in den Schlagzeilen der Tagespresse bestaunt.

Die Landwirtschaft genoss in den beiden ersten Jahrzehnten eine hohe Wertschätzung. Der „primäre Sektor", wir wiederholen es, war damals noch ein Wirtschaftsfaktor von Rang, der auf den 1,6 Millionen landwirtschaftlichen Betrieben Westdeutschlands rund 5 Millionen Menschen Arbeit bot. Auch war der bittere Hunger der Kriegs- und Nachkriegsjahre gerade erst überstanden und bei den meisten noch in lebhafter Erinnerung. Das Ziel einer „sicheren Ernährung" war mehr als nur Schlagwort. Der Koreakrieg 1950/51 ließ noch einmal die Schrecken des Hungers wach werden – und so mancher Keller wurde vorsorglich mit Lebensmitteln gefüllt.

Im Schatten dieser Krise wurde auch eine Grundsatzfrage entschieden: Sollten die Agrarmärkte in Deutschland vom freien Austausch der Waren, von Angebot und Nachfrage geprägt sein? Oder sollte der Staat die Märkte ordnen, regeln und bestimmen? Die Politiker im Westen Deutschlands ent-

Bauer am Steuer – eine ungewohnte Perspektive

schieden sich für die zweite Lösung – zumindest in Bezug auf Getreide, Zucker Milch, Fett und Eier sowie für Vieh und Fleisch. Marktordnungen wurden eingeführt, aus denen ein immer komplizierter werdendes und ausuferndes Regelwerk erwuchs. Es beschäftigte zunächst in Bonn, später in Brüssel ein Heer von Behörden und Beamten. Denn diese „deutsche Erfindung" wurde dem Prinzip nach von der EWG übernommen, die 1957 mit der Unterzeichnung der Römischen Verträge aus der Taufe gehoben wurde.

Zwei Jahre zuvor, im September 1955, war in Bonn eine andere Entscheidung gefällt worden, die für die Landwirtschaft von grundsätzlicher Bedeutung war.

Der Deutsche Bundestag verabschiedete damals mit großer Mehrheit das Landwirtschaftsgesetz. Worum es sich drehte, verriet § 1 des Gesetzes: „Um der Landwirtschaft die Teilnahme an der fortschreitenden Entwicklung der deutschen Volkswirtschaft und um der Bevölkerung die bestmögliche Versorgung mit Ernährungsgütern zu sichern, ist die Landwirtschaft mit den Mitteln der allgemeinen Wirtschafts- und Agrarpolitik in den Stand zu setzen, die für sie bestehenden naturbedingten und wirtschaftlichen Nachteile gegenüber anderen Wirtschaftsbereichen auszugleichen und ihre Produktivität zu steigern. Damit soll

Die Blicke sagen vieles: die Bauernversammlung

gleichzeitig die soziale Lage der in der Landwirtschaft tätigen Menschen an die vergleichbaren Berufsgruppen angeglichen werden." Diese Ziele fanden zwei Jahre später Eingang in die Römischen Verträge. Deren Artikel 39 schrieb der europäischen Agrarpolitik vier Kernziele ins Stammbuch:

- die Produktivität der Landwirtschaft zu steigern,
- der Landbevölkerung eine angemessene Lebenshaltung zu gewährleisten,
- die Märkte für Agrarprodukte zu stabilisieren und
- die Nahrungsversorgung zu akzeptablen Verbraucherpreisen zu sichern.

In den folgenden Jahren wurde auf nationaler und westeuropäischer Ebene ein ganzer Fächer von Maßnahmen entwickelt, um die Landwirtschaft zu stabilisieren und zu entwickeln: von der direkten Preisstützung über Dieselöl- und Düngemittelverbilligungen bis hin zu sozialpolitischen Maßnahmen wie etwa einer Altershilfe für Landwirte, einer Landabgaberente und ähnlichen Dingen mehr. All diese und andere Maßnahmen konnten den Strukturwandel nicht aufhalten, sondern ihn allenfalls bremsen bzw. „sozial abfedern", wie es damals hieß. Dahinter verbarg sich eine unausgesprochene „konzertierte Aktion" zwischen Staat und bäuerlichem Interessenverband. So umstritten diese Politik damals war und ins-

Die Landwirtschaftsminister: Heinrich Lübke...

besondere aus marktliberaler Sicht angeprangert wurde: Das Zusammenwirken zwischen Agrarverwaltung und Interessenverband verhinderte, dass der fundamentale Wandel auf dem Land, das viel beklagte „Höfesterben", nicht zu schwerer wiegenden sozialen Verwerfungen führte. Unter der Hand der Bundeslandwirtschaftsminister Wilhelm Niklas (CSU, 1949–1953), Heinrich Lübke (CDU, 1953–1959) und Werner Schwarz (CDU, 1959–1965) entwickelte sich ein vielfältiges Maßnahmenbündel rund um den „grünen" Sektor heran. Selbstverständlich wurde damals in Zeitungen und Fachzeitschriften über Sinn und Zweck vieler Regelungen diskutiert, über Subventionen geklagt und über Alternativen und Reformen der Agrarpolitik nachgedacht. Manches davon setzte Landwirtschaftsminister Hermann Höcherl (CSU, 1965–1969) in vorsichtigen Schritten um. Ernsthaft in Frage gestellt wurde aber zu keinem Zeitpunkt der agrarpolitische Konsens – und auch nicht das allgemein anerkannte Leitbild des „bäuerlichen Familienbetriebes".
Das änderte sich 1968. Es war das Jahr der Studentenunruhen und auch der aufflackernden Bauernproteste, die mit Sprüchen wie „Wir haben genug vom Gemeinsamen Markt" die Öffentlichkeit aufschreckten.

Hermann Höcherl...

Mansholts Donnerschlag

Deutlich leiser, aber nicht minder revolutionär waren die Töne, die erstmals im Februar 1968 im niederländischen Groningen zu vernehmen waren. Sie sollten die bis dahin so heil scheinende Welt der Bauern von Grund auf erschüttern. Dafür sorgte kein Geringerer als Sicco Mansholt, seinerzeit Vizepräsident und Agrarkommissar der EWG. Ausgerechnet in Groningen, mitten im bäuerlich-dörflich geprägten Friesland, stellte er sein „Memorandum zur Reform der Landwirtschaft" vor. Eine der Kernthesen des später so genannten „Mansholt-Planes": Vier von fünf landwirtschaftlichen Betrieben im EWG-Europa seien zu klein und arbeiteten unwirtschaftlich. Weiter hieß es in dem Papier:
„Wir kommen nicht umhin, die harte Tatsache festzustellen, daß die rückständigsten sozialen Verhältnisse in den Familienbetrieben der Landwirtschaft anzutreffen sind. Vor fünfzig Jahren waren es die Arbeiter in den Fabriken und in der Landwirtschaft, heute sind es die Kleinbauern. Wenn uns der Familienbetrieb relative Armut und sozialen Rückstand beschert, dann haben wir die Pflicht, nach anderen Betriebsformen zu suchen, die den Familien ein angemessenes Auskommen sichern."

... und Josef Ertl

Demonstration mit Bauernpräsident Constantin Freiherr Heereman

Vor allem diese Absage an den bäuerlichen Familienbetrieb sorgte für Furore. Hinzu kam der klare Stil Mansholts, der kein Blatt vor den Mund nahm und auch keine Deutungsspielräume zuließ: „Bauern sein auf eigener Scholle, ja, so war's wohl einmal. Die moderne Landwirtschaft bringt es mit sich, daß man schnell auf den Markt reagiert, stets neue Wege sucht, anstatt sich auf die geruhsame Betriebsführung von alters her zu verlassen. Unter diesen Umständen wird der Ein-Mann-Betrieb für viele zum Alpdruck, so daß eine Zusammenarbeit mehrerer Bauern eine Erlösung bedeuten würde."
Die Landwirtschaft, so Mansholt weiter, müsse in größeren „Produktionseinheiten" organisiert werden, deren Aufbau tiefe Eingriffe in bestehende Rechtsverhältnise (Besitz-, Pacht-, Boden- und Erbrecht) bedeuteten. Die Vision des Agrarkommissars: Im Bereich der Viehhaltung sollten „Produktionseinheiten" mit mindestens vier bis fünf Beschäftigen gebildet werden, die einen Viehbestand von rund 350 bis 400 Milchkühen umfassen. „Eine moderne Schweinemästerei wird alljährlich Tausende von Schweinen anliefern müssen, und für Geflügel überlasse ich gern der Phantasie, entsprechende Zahlen zu bestimmen."
Äußerungen wie diese kamen Donnerschlägen gleich – noch dazu, weil sie nicht aus dem Mund irgendeines Hinterbänklers, sondern eines der ranghöchsten westeuropäischen Agrarpolitiker stammte. Der Umbruch freilich, den Mansholt vorhergesagt hatte, war längst in vollem Gange: In Westdeutschland gab es um 1970 nur noch rund 1 Mio. landwirtschaftlicher Betriebe mit mehr als 1 ha. Auch die Höfe selbst hatten sich verändert: Der vielseitige traditionelle Bauernhof mit Schweinen, Gänsen, Schafen, Kühen und Pferden war selten geworden und meist eher im Bilderbuch zu finden denn in der Wirklichkeit. Viele Höfe waren „Ein-Mann-Betriebe" geworden, geprägt von Motorisierung und Technisierung; auch bahnten sich in den 60er Jahren die Spezialisierung in einzelne Betriebssparten und nachbarschaftliche Kooperationen an.
Die Diskussion um den Mansholtplan besaß auch deswegen solche Schärfe, weil sich die Landwirtschaft gegen Ende der 60er Jahre aufgrund sinkender Agrarpreise in einer wirtschaftlichen Krisenlage befand.
Agrarpolitiker hatten es in jener Zeit nicht gerade leicht, wie die tumultartigen Szenen im Sommer 1971 auf dem Bauerntag in Kiel zeigten. Kurz zuvor war Constantin Freiherr Heereman von Zuydtwyck Bauernpräsident geworden, der Landwirtschaftsminister hieß Josef Ertl (FDP, 1969–1983) – und Bundeskanzler war Willy Brandt. Von dessen sozialliberaler Koalition sahen sich viele Bauern übergangen. Ertls Agrarbericht 1971 wurde als „Bilanz des Unbehagens" bezeichnet. Selbst die Agrarsoziale Gesellschaft, die der neuen Regierung näher stand als die Mehrzahl der DBV-Mitglieder, bilanzierte damals: „Wenn die wirtschaftlichen Berechnungen ausweisen, daß bestgeführte und völlig strukturgesunde Staatsdomänen in die roten Zahlen geraten sind, dann ist eine Situation erreicht, in der selbst die konsequenteste Agrarstrukturpolitik ad absurdum geführt wird."
Bereits im Frühjahr 1971 war es zur ersten bäuerlichen Großdemonstration gekommen, die 60 000 Landwirte nach Bonn führte. Nun also Kiel: Vor rund 8000 Bauern-Delegierten trat Ertl ans Rednerpult und warb für die „neue" Agrarpolitik der Regierung Brandt. Doch er wurde nach wenigen Sätzen niedergepfiffen. „Wenn das so ist, daß ich als Sprecher der Bundesregierung Fakten nicht vortragen darf, ziehe ich es vor, meine Ausführungen abzubre-

Auf der Grünen Woche:
Bundespräsident Walter Scheel

chen!" Der Minister drehte sich um und verließ die Kundgebungshalle, gefolgt von den Abgeordneten der Regierungsparteien SPD und FDP. Bauernpräsident Heereman versuchte noch, die Wogen zu glätten, doch Ertl ging – und ließ sich von nichts und niemandem mehr umstimmen.
Zwei Jahre später schien der Kieler Eklat vergessen – auf beiden Seiten. Die Bilanzen hatten sich gebessert, die Lage auf den Agrarmärkten war entspannter. Landwirtschaftsminister Ertl kam, als sei nichts geschehen, zum nächsten Bauerntag nach Stuttgart und erntete für seine Arbeit respektvollen Beifall von den 6000 Bauern. Er, der bis 1983 amtierte, einer der dienstältesten Landwirtschaftsminister im Nachkriegsdeutschland wurde und hohes Ansehen unter den Landwirten genoss, schrieb später im Rückblick über seinen Umgang mit dem Bauernverband: „Ein Agrarminister sollte nicht im gleichen Abteil mit dem Bauernverbandspräsidenten fahren wollen oder können. Er sollte zufrieden sein, wenn es gelingt, den gleichen Zug zu benutzen." Der Landwirtschaftsminister, so Ertl weiter, könne nicht immer einer Meinung sein mit dem Verband, das sollten sich auch beide Seiten nicht wünschen. „Ein Verband muß in seinen Forderungen natürlich vorhalten. Ein Minister muß abwägen."

Landwirtschaftsminister Ignaz Kiechle

Wie Ertl, so sahen sich auch seine Nachfolger Ignaz Kiechle (CSU, 1983–1993), Jochen Borchert (CDU, 1993–1998) und Karl-Heinz Funke (SPD, 1998–2001) als „erste Bauern" der Nation – und sie alle waren ja tatsächlich im Besitz eines landwirtschaftlichen Betriebes. Das freilich verhinderte nicht, dass die Minister nicht auch einmal vom Landvolk kräftig abgestraft wurden. Im Sommer 1987 beispielsweise war Kiechle zum Bauerntag in Aachen eingeladen – und wurde kurz vor der Kundgebung wieder ausgeladen. Der Grund: Zeitgleich zum Bauerntag in

Aachen hatten die Landwirtschaftsminister der EG in Brüssel getagt. Ihre Agrarpreisbeschlüsse enttäuschten die in Aachen versammelten Bauern. Die Mehrheit der Delegierten beschloss, Kiechle auszuladen. Doch der Minister kam trotzdem nach Aachen. Die Landfrauen hatten ihn ebenfalls auf der Rednerliste ihres Landfrauentages stehen – und ihn von dieser Liste nicht gestrichen. So kam es zu dem denkwürdigen Zusammentreffen Kiechles und Heeremans, über das die „Süddeutsche Zeitung" süffisant schrieb: „Kiechle also ist ausgeladen, und an Heereman ist es wenig später, eben diesem Mann bei der Kundgebung der Landfrauen die Hand zu schütteln. Kiechle schaut bitter in die Welt, ein personifizierter ‚Herr Hirnbeiß' der Agrarpolitik, und Heereman ist blaß und gestreng, beinahe wie jener Adlertyp aus der Muppets-Show anzusehen. Als Kiechle begrüßt wird, patscht Heereman dreimal müde die Hände. Sein Ausdruck scheint zu fragen: ‚Ist was? Steht noch was an?'" Ja, es stand noch einiges an. Denn so ernst solche Konflikte zwischen Interessenverband und Politik ausgetragen wurden, so sehr war allen Beteiligten bewusst: Auf dem Land ging der Strukturwandel weiter. Er war weder durch solche publikums-

Politiker mit Schafen: der nordrhein-westfälische Landwirtschaftsminister Diether Deneke

und pressewirksamen Aktionen noch durch Demonstrationen aufzuhalten. Bewusst war ihnen überdies, dass „Brüssel“ zunehmend die Agrarpolitik bestimmte – und damit auch den Alltag und die Produktion auf den landwirtschaftlichen Betrieben.
In den 90er Jahren verschärften die Verhandlungen um das Welthandelsabkommen GATT und die Agrarreformen der europäischen Agenda 2000 das Klima und den Druck auf die landwirtschaftlichen Betriebe. Andererseits kam nun ein neues Konfliktfeld für die Bauern hinzu. Hatten sie sich bis dahin vor allem im Spannungsfeld zwischen Markt und staatlicher Macht, zwischen Dorf und EU-Verwaltung bewegt, so kam nun der Konflikt zwischen Ökonomie und Ökologie bzw. Verbraucherschutz hin-zu. Er hatte sich bereits seit den 80er Jahren angebahnt und bestimmte, im Schatten der vorhergehenden BSE-Krise, den Machtwechsel an der Spitze des Bundeslandwirtschaftsministeriums. Es wird seit Januar 2001 von Renate Künast (Bündnis ‘90 / Grüne) geführt. Mit ihr hat erstmals eine „fachfremde“, nicht aus dem „grünen Sektor“ stammende Juristin das Landwirtschaftsressort übernommen.
Und wie ist es am Ausgang des Jahrhunderts um die Bauern bestellt? Dazu einige Zahlen: 1999 zählen die Statistiker nur noch rund 415 000 Bauernhöfe in Westdeutschland. Nicht einmal mehr die Hälfte von ihnen – 183 000 Betriebe in einer Durchschnittsgröße von 43 ha – dienen ihren Eigentümern als Quelle des Haupterwerbs. Die 232 000 Nebenerwerbsbetriebe – in der Regel Klein- und Kleinstbetriebe mit durchschnittlich 12 ha Land – stellen längst die Mehrheit aller Höfe. Die amtliche Statistik zählt 1999 – für West- und Ostdeutschland – knapp 1,3 Millionen Erwerbstätige in der Landwirtschaft, davon freilich nur knapp 287 000 Menschen als Vollbeschäftigte.
Am Ende des 20. Jahrhunderts sind Bauern zu einer Minderheit in der industriellen Dienstleistungsgesellschaft geworden. Auch in diesem Sinne ist das Foto Wolfgang Schiffers vom einzelnen Landwirt (und Agrarpolitiker), der vor dem Heer der Presseleute „in die Knie geht“, ein Symbol der Zeit. Welche Zukunftschancen hat die Lebensform der bäuerlichen Familienbetriebe, die gut ein Jahrtausend lang das Bild der Landwirtschaft in Mitteleuropa geprägt hat? Aus den vielen Antworten, die in den letzten Jahren gegeben worden sind, sei abschließend die Meinung des Agrarhistorikers Werner Rösener zitiert. Er vertraute einerseits auf die Beharrungskraft und Kreativität der Bauern, die im Laufe ihrer bewegten

Der Bauer
erzählt von
seiner Arbeit

Ein Bauer, ein Fotograf...

Geschichte tief greifende Veränderungen erlebt hätten und sich vielfältigen neuen Entwicklungen hätten anpassen müssen. Andererseits verwies Rösener auf ein notwendiges gegenseitiges Verständnis zwischen Bauern und Verbrauchern für ihre jeweils unterschiedliche Lage. Eine Chance sieht er darin, dass eine große Mehrheit der in der Landwirtschaft tätigen bäuerlichen Familien in drei wichtigen Forderungen mit den Verbrauchern übereinstimme:

„1. eine umweltverträgliche, standortgebundene Landwirtschaft, von der keine nachhaltigen Schädigungen der natürlichen Lebensgrundlagen ausgehen und die eine vielfältige, intakte Landschaft bewahrt und pflegt;

2. eine Landwirtschaft, die eine stabile Versorgung der eigenen Bevölkerung mit unbelasteten Nahrungsgütern garantiert;

3. eine sozialverträgliche Landwirtschaft, in der die darin tätigen Menschen in Eigenverantwortung ein leistungsgerechtes Einkommen erzielen können.“ *Gisbert Strotdrees*

...und ein Bulle

spürten die Bauern und Bäuerinnen schnell. Mit seinem Humor, seiner Fröhlichkeit und seiner rheinischen Offenheit konnte er selbst skeptische und kamerascheue Landwirte für einen Schnappschuss oder für eine Fotoserie gewinnen – notfalls auch mitten in der Ernte oder bei dringenden Stallarbeiten. Und wenn es die Zeit zuließ, folgte dem Fototermin nicht selten eine intensive „Fachsimpelei“ über Zuckerrübensorten und Düngestrategien, über Fütterungsfragen und Landtechnik, über die Chancen und Risiken der Gentechnik oder die Ungereimtheiten der Agrarpolitik.

Über fast fünf Jahrzehnte war Wolfgang Schiffer „das Auge der Landwirtschaft“. In dieser Zeit hat er die Kunst der Agrarfotografie entscheidend weiterentwickelt. Für diese Verdienste wurde Wolfgang Schiffer von der Landwirtschaftskammer Rheinland 1997 mit der Silbernen Kammerplakette geehrt.

Seine Bilder wurden zum „Markenzeichen“, durch ihren besonderen Aufbau, ihre spezielle Optik, ihre eindringliche Bildsprache. Seine Augen waren wie seine Kamera: „Ich sehe das fertige Foto schon vor mir, bevor ich auf den Auslöser drücke“, so seine Worte.

Durch sein Verständnis für landwirtschaftliche Zusammenhänge und vor allem seinen engen Kontakt zur Praxis ist es ihm gelungen, Bilder zu schaffen, die auch ohne Worte Geschichten vom Lande erzählen und dem nicht vorgebildeten Betrachter einen tiefen Einblick in die Arbeit der Bäuerinnen und Bauern gewähren.

Heinz-Günter Topüth

Die Autoren

Klaus Herrmann
Dr. oec., Agrarhistoriker und Leiter des Deutschen Landwirtschaftsmuseums in Stuttgart-Hohenheim.

Gisbert Strotdrees
Historiker und Redakteur beim „Landwirtschaftlichen Wochenblatt Westfalen-Lippe“ in Münster.

Heinz-Günter Topüth
Chefredakteur der Fachzeitschrift „top agrar“ in Münster.

Der Fotograf der Bauern

Wolfgang Schiffer – ein Porträt

Kommen wir jetzt in die Bildzeitung? So flachsten augenzwinkernd manche Bauern, wenn Wolfgang Schiffer mit umgehängter Fototasche und schussbereiten Kameras auf ihrem Hof erschien oder bei der Feldarbeit auf den Auslöser drückte. Nein, die Fotos waren nicht für die Boulevard-Presse bestimmt. Eine Millionen-Auflage erreichten sie trotzdem. Denn seit Ende der 50er Jahre gab es bundesweit kaum ein landwirtschaftliches Wochenblatt und keine Agrar-Fachzeitschrift in Deutschland, die nicht regelmäßig „Schiffer-Fotos" als Titel-, Aufmacher- oder Illustrationsbilder druckten. Kein Wunder, hatte Wolfgang Schiffer doch im Laufe der Zeit das größte landwirtschaftliche Foto-Archiv Europas aufgebaut, mit rund 600 000 Schwarz-Weiß- und über 180 000 Farb-Fotos – ein eindrucksvolles und einmaliges Lebenswerk.

Wie kein Zweiter hat Wolfgang Schiffer den Wandel in der Arbeitswelt und im Alltagsleben auf den Höfen mit seiner Kamera festgehalten. Dabei war ihm die Karriere als „Fotograf der Bauern“ nicht in die Wiege gelegt worden. Zwar faszinierte den gebürtigen Kölner schon früh die Welt der Fotografie, traf er sich mit Gleichgesinnten im Kölner Foto-Amateur-Club. Als Sohn eines Bankangestellten hatte er jedoch kaum Kontakte zur Landwirtschaft.
Dies änderte sich in den „Hungerjahren“ nach 1945. Zurück aus Krieg und Gefangenschaft, durchstreifte Schiffer mit dem Fahrrad das ganze Nachkriegsdeutschland, erklopfte sich Essen und Unterkunft, immer die Welt durch die Kamera betrachtend.
Nach diesen Begegnungen mit Land(wirten) und Leuten war offenbar der Wunsch nach einem „grünen“ Berufsweg geweckt. Nach einer zweijährigen landwirtschaftlichen Lehre auf Betrieben im Bergischen Land und am Niederrhein folgte das Agrarstudium in Bonn mit dem Abschluss als Diplom-Landwirt. Anschließend studierte Schiffer noch Volkswirtschaft in Köln und promovierte zum Dr. rer. pol. – natürlich mit einer Arbeit über ein landwirtschaftliches Thema („Kleinbauerntum in nichtgenossenschaftlicher Rechtsform“).
Den Einstieg ins Berufsleben wählte er bewusst als „freier“ Agrarjournalist – eine Entscheidung, der er sein Leben lang treu blieb. Die ersten Sporen verdiente sich Schiffer u.a. bei den Mitteilungen der DLG sowie als Honorarredakteur bei der Deutschen Bauernzeitung in Köln und der Rheinischen Post in Düsseldorf. Ende der 60er Jahre gründete er das Redaktionsbüro „agrar-press“, das die Tages- und Fachpresse regelmäßig mit Beiträgen und Fotos zur Landwirtschaft belieferte. Im Jahre 1978 folgte die PR- und Werbeagentur „agro-kontakt“, die Unternehmen, Organisationen und Landwirte im Bereich der Werbung und Öffentlichkeitsarbeit unterstützt. Über viele Jahre lieferte Wolfgang Schiffer außerdem unzählige Reportagen und Fachbeiträge für den Landfunk und für die „Grüne Optik“, eine Sendung des WDR-Fernsehens. Bei den TV-Teams war Schiffer bald ob seines Arbeitstempos gefürchtet – sein neuer Beiname „Dr. Schaffer“ wurde zum geflügelten Wort.
Den Bauern und Bäuerinnen, denen sein gesamtes Berufsleben als Agrarjournalist und -fotograf gewidmet war, fühlte er sich in vielem eng verbunden. Wie diese setzte er auf persönliche Leistung, fachliches Können, Unternehmergeist und Unabhängigkeit. Er wollte sich nie etwas „vorschreiben“ lassen. Bürokratische Schikanen und „beamtenhafte“ Langsamkeit waren ihm ein Gräuel. Und wenn die Landwirtschaft wieder einmal ungerechtfertigt angegriffen wurde, fand sie in ihm einen unbeirrbaren Verbündeten – immer engagiert, immer mit Volldampf, aber auch immer mit fundierten Fachkenntnissen und nachprüfbaren Fakten!
Dass der Mann hinter der Kamera „ihre Sprache“ sprach,